Bauphysik nach Maß

Bauphysik nach Maß

Wärmeschutz und
Energieeinsparung,
Feuchteschutz

Matthias M. Middel
Roland Pickhardt
Helmut Eifert
Peter Lieblang
Stefan Lotter
Werner Preis

Herausgeber
Bundesverband der Deutschen Zementindustrie, Köln

VLB-Meldung

Bauphysik nach Maß – Wärmeschutz und Energieeinsparung, Feuchteschutz / Middel, Pickhardt, Eifert, Lieblang, Lotter, Preis; Hrsg. Bundesverband der Deutschen Zementindustrie, Köln – Düsseldorf: Verlag Bau+Technik 2003, überarb. 4. Auflage

ISBN 3–7640–0434–7

4. überarbeitete Auflage 2003

Diese Broschüre wurde auf umweltfreundlichem Papier (aus chlorfrei gebleichtem Zellstoff) gedruckt.

Gesamtproduktion: Verlag Bau+Technik GmbH, 2003

Vorwort

Hochwertige Gebäude - und hierzu zählen moderne Wohnungsbauten - werden heute maßgeblich unter bauphysikalischen Gesichtspunkten mit tief greifenden Konsequenzen für die Baustoffwahl konzipiert und realisiert. Gesundes Wohnen ist auch Wohnen in bauphysikalisch intakten Gebäuden und einem adäquaten Wohnumfeld.

Die Bauphysik hat sich in der Architektur und im Bauingenieurwesen zu einem eigenen Fachgebiet entwickelt, mit zunehmender Bedeutung und mit dem zwingenden Bedürfnis, bauphysikalische Belange mit allgemeinen baulichen und baustofflichen Aspekten zu koordinieren und ganzheitlich zu optimieren. Die Bauphysik gliedert sich i.A. in die Bereiche Wärme-, Feuchte-, Schall- und Brandschutz. Die hier vorgelegte neue Auflage der „Bauphysik nach Maß“ widmet sich den ersten beiden Bereichen. Eine Erweiterung dieser Broschüre um den aktualisierten Schall- und Brandschutz ist geplant.

Die Bauberatung Zement des Bundesverbandes der Deutschen Zementindustrie hat bauphysikalische Belange allgemein und speziell für den Baustoff Beton mit dem Schwerpunkt Wärmeschutz bereits seit über 25 Jahren praxisgerecht aufbereitet und publiziert. 1975 erschien „Wärmeschutz nach Maß“, 1995 folgte „Bauphysik nach Maß“, eine Broschüre, die neben dem Wärmeschutz auch den Schall- und Brandschutz integrierte. Mit dem Erscheinen und der Einführung der Energieeinsparverordnung zum 1. Februar 2002 stellte sich die Aufgabe, die bewährte Broschüre zu überarbeiten. Da der europäisch harmonisierte Schallschutz und eine Novelle der Bauordnungen zum Brandschutz z.Zt. noch ausstehen, wurde der Inhalt der neuen Broschüre auf den Wärmeschutz, die damit verbundene Energieeinsparung und den Feuchteschutz begrenzt. Wie zuvor erwähnt ist jedoch die Komplettierung einer aktuellen „Bauphysik nach Maß“ durch weitere Teile vorgesehen.

Mit der vorliegenden Broschüre liefert die Bauberatung Zement eine Grundlagenübersicht, aktuelle und praxisgerechte Informationen zu neuen Regelungen, insbesondere zu der nun gültigen Energieeinsparverordnung, Beispielrechnungen und Planungshilfen für **Bauphysik nach Maß mit dem Baustoff Beton**. Im Benchmarking der Baustoffe zeigen sich unter den neuen Anforderungen bewährte und neue Leistungsmerkmale massiver Baustoffe und insbesondere des Baustoffes Beton. Künftig wird es so z.B. möglich sein, das Speichervermögen von Beton rechnerisch und bilanzierend zu berücksichtigen. Monolithische Leichtbetone und Normalbetone im Verbund mit Wärmedämmstoffen sind für ein nachhaltiges und energieeffizientes Bauen auch künftig hervorragend positioniert. Im Zusammenwirken mit der Anlagentechnik sind so Schnittstellen übergreifende Optimierungen bauphysikalischer Aspekte des Wärme- und Feuchteschutzes sowie der Energieeinsparung sicherzustellen.

Die neue Ausgabe der „Bauphysik nach Maß" dokumentiert sowohl eine Zäsur in der technologischen Entwicklung als auch im Autorenteam. Nach Dr.-Ing. Jörg Brandt und Dipl.-Ing. Helmut Moritz (†) hat nun der Arbeitskreis Bauphysik der Bauberatung Zement unter Vorsitz von Dr.-Ing. Matthias M. Middel, Leiter der Bauberatung Zement Beckum, die neue Broschüre bearbeitet. Seine Kollegen im Arbeitskreis Bauphysik, die Herren Dipl.-Ing. Roland Pickhardt, Dr.-Ing. Helmut Eifert, Dr.-Ing. Peter Lieblang, Dr.-Ing. Stefan Lotter und Dipl.-Ing. Werner Preis, haben ihn dabei tatkräftig unterstützt. Dem Koordinator und dem gesamten Autorenteam der Bauberatung Zement sei an dieser Stelle für die geleistete Arbeit gedankt. Die Resonanz aus der Lehre und Praxis wird sicher bestätigen, dass auch die neue Ausgabe die gute Tradition praxisgerechter Schriften der Bauberatung Zement erfolgreich fortsetzt.

Die Bauberatung Zement informiert zur Bauphysik nicht nur mit dieser Broschüre. Auch die bewährten Zement-Merkblätter und ein neues Software-Angebot (Rechenprogramm zur EnEV) werden zu diesem Themenbereich vorgehalten. Informieren Sie sich unter www.BDZement.de über unsere Angebote.

Köln, im Dezember 2002

Dr.-Ing. Lutz Wittmann
Geschäftsführer BDZ und
Leiter der Bauberatung Zement

Die Gesundheit und Leistungsfähigkeit des heutigen Menschen hängt wesentlich von der Qualität des Raumklimas ab; er verbringt nämlich im Durchschnitt mehr als zwei Drittel seines Lebens in Wohn- oder Arbeitsräumen, also in Gebäuden. Gesundheit wird als Zustand physischen, psychischen und sozialen Wohlbefindens verstanden. Gebäudegestaltung und bauphysikalische Eigenschaften der raumumschließenden Bauteile schaffen daher wichtige Voraussetzungen für das physische Wohlbefinden. Ein wesentlicher Teil des physischen Wohlbefindens ist die thermische Behaglichkeit, die ihrerseits wieder von einer Vielzahl von Einflüssen und Zuständen abhängt. In Bild 1.1 sind 21 Einflussfaktoren auf die thermische Behaglichkeit des Menschen dargestellt. Davon werden sechs als primäre und dominierende, acht als zusätzliche und sieben als sekundäre und vermutete Faktoren eingestuft.

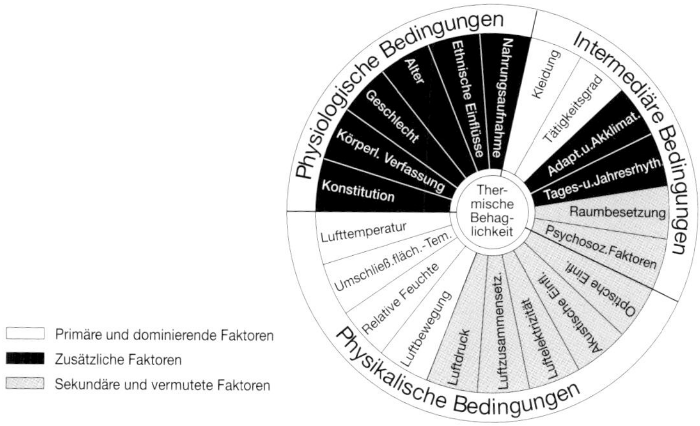

Bild 1.1: Thermische Behaglichkeit in Abhängigkeit von physiologischen, intermediären und physikalischen Einflüssen nach [1.1]

Den größten Einfluss auf die thermische Behaglichkeit haben demnach die Raumklimafaktoren:

- Oberflächentemperatur der raumumschließenden Bauteile (Bilder 1.2 bis 1.4),
- relative Feuchte der Raumluft (Bild 1.5)
- Luftbewegung (Bild 1.6)

Diese Faktoren bestimmen die Wärmeabgabe des menschlichen Körpers an die Umgebung. Sie müssen in einem bestimmten Verhältnis zur Raumlufttemperatur stehen. Dabei spielen die Art der Bekleidung und die Art der Tätigkeit eine wichtige Rolle. Die Bilder 1.2 bis 1.6 zeigen Behaglichkeitsfelder des Menschen in geschlossenen Räumen [1.2]. Tafel 1.1 enthält Richtwerte des menschlichen Wärmehaushalts in Abhängigkeit von der Art der Tätigkeit.

Bild 1.2: Behaglichkeitsfeld des Menschen in geschlossenen Räumen in Abhängigkeit von Raumlufttemperatur und mittlerer Oberflächentemperatur der Raumbegrenzungen

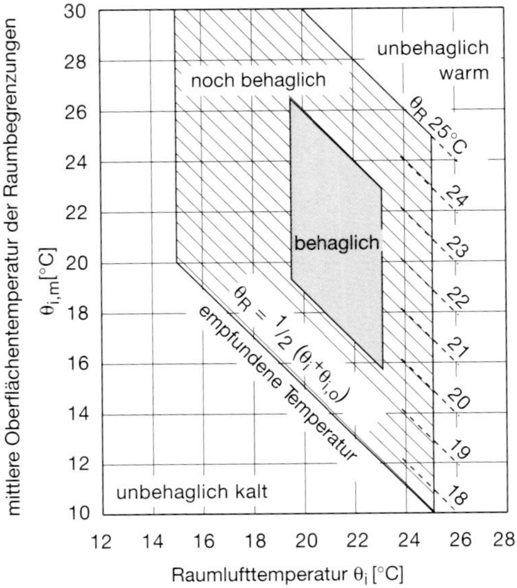

Geltungsbereich
rel. Luftfeuchte φ_i von 30 bis 70 %, Luftbewegung v von 0 bis 20 cm/s, weitgehende Temperaturgleichheit aller raumbegrenzenden Flächen (nach H. Reiher u. W. Frank)

Bild 1.3: Behaglichkeitsfeld des Menschen in geschlossenen Räumen in Abhängigkeit von Raumlufttemperatur und Deckentemperatur

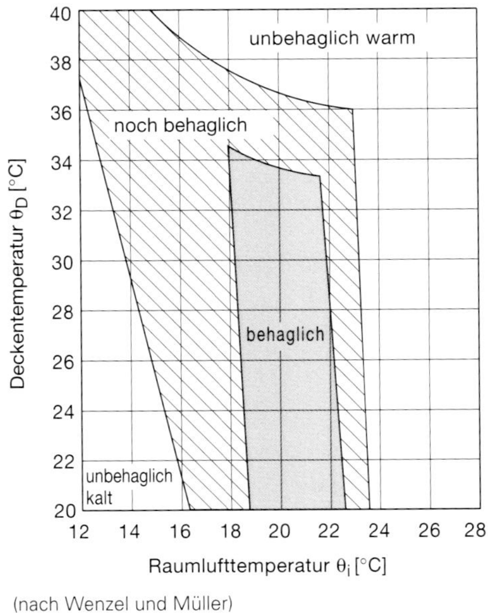

(nach Wenzel und Müller)

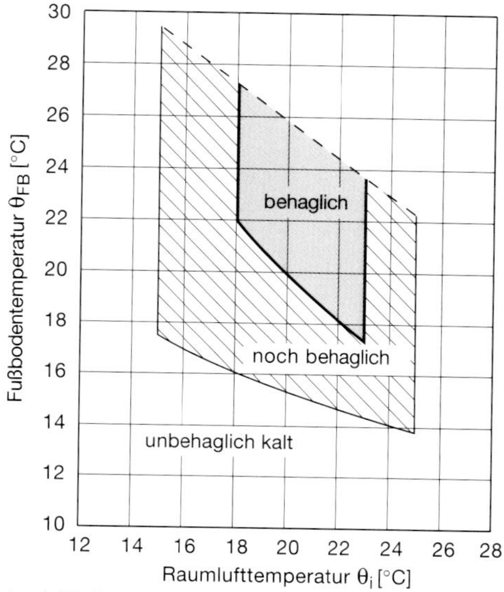

(nach W. Frank)

Bild 1.4: Behaglichkeitsfeld des Menschen in geschlossenen Räumen in Abhängigkeit von Raumlufttemperatur und Fußbodentemperatur

Aus Bild 1.2 ist abzuleiten, dass die empfundene Temperatur θ_R das arithmetische Mittel aus der mittleren Oberflächentemperatur der raumumschließenden Bauteile $\theta_{i,o}$ und der Raumlufttemperatur θ_i ist. Im Winter wird bei $\theta_i = 22$ °C ein $\theta_{i,o} = 13$ °C gerade noch als behag-

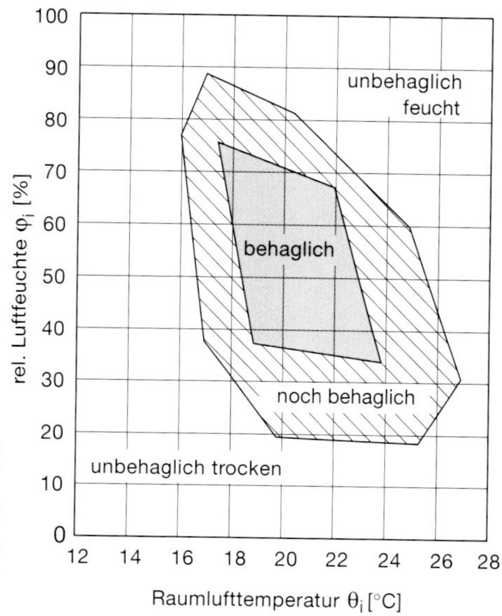

Bild 1.5: Behaglichkeitsfeld des Menschen in geschlossenen Räumen in Abhängigkeit von Raumlufttemperatur und relativer Luftfeuchte

Geltungsbereich: mittlere Oberflächentemperatur der Raumbegrenzungen $\theta_{i,m}$ von 19,5 bis 23 °C Luftbewegung v von 0 bis 20 cm/s (nach F. P. Leusden und H. Freymark)

Art der Betätigur

Richtwerte zum menschlichen Wärmehaushalt (Angaben für 1 Person)	Einheiten	völlige Ruhe, ruhiges Liegen		geringe Betätigung, in Ruhe sitzend	
		Grund-umsatz	Grund-umsatz	Tisch-spiele	Lesen
		Kinder	Erwachsene	Kinder	Erwachser
Erforderlicher Energieverbrauch je Tag	kJ/d	5900	7500	8000	9700
Gesamtwärmeabgabe (einschließlich Verdunstung)	W	50 bis 65	65 bis 85	60 bis 80	75 bis 10C
davon trockene Wärmeabgabe (Konvektion, Leitung und Strahlung)	W	35 bis 45	50 bis 65	45 bis 60	60 bis 75
Wasserdampfproduktion je Stunde	g/h	21 bis 28	23 bis 32	25 bis 34	27 bis 38
Sauerstoffbedarf je Stunde	l/h	9 bis 12	12 bis 16	10 bis 14	14 bis 19
ausgeatmetes Kohlendioxid je Stunde (Konzentration in der Luft 0,03-0,05 Vol.-%)	l/h	7 bis 10	10 bis 13	9 bis 12	12 bis 16
Frischluftraten, erforderlich wenn CO_2 max. 0,10 Vol.-%	m^3/h	12 bis 17	17 bis 21	15 bis 20	20 bis 26
Schwülegrenze bei angegebenen Raumlufttemperaturen	°C	28		26	
Gleichgewicht = Behaglichkeit	°C	24		22	
Grenze des Kühleempfindens	°C	18		17	

lich empfunden. Bei θ_i = 20 °C ist diese Grenze bei $\theta_{i,o}$ = 15 °C erreicht. Umgekehrt bedeutet dies, dass bei gut gedämmten Außenwänden mit relativ hohen Oberflächentemperaturen auf der Wandinnenseite bereits relativ niedrige Temperaturen der Innenraumluft als behaglich empfunden werden.

Tafel 1.1: Wärmehaushalt des Menschen (Richtwerte) nach [1.4]

chte Arbeit		leichte körperliche Arbeit		schwere körperliche Arbeit	
ule	Büro	Gymnastik	Hausfrau	Ballspielen	Handwerker
der	Erwachsene	Kinder	Erwachsene	Kinder	Erwachsene
0	10500	10100	12600	11300	14700
bis 130	125 bis 170	170 bis 225	215 bis 295	280 bis 380	360 bis 490
bis 95	95 bis 130	120 bis 160	165 bis 220	200 bis 275	280 bis 370
bis 57	46 bis 62	70 bis 95	78 bis 108	117 bis 160	130 bis 180
bis 24	24 bis 32	30 bis 41	40 bis 51	50 bis 68	65 bis 90
is 20	19 bis 26	25 bis 34	32 bis 43	46 bis 56	55 bis 75
is 33	32 bis 42	42 bis 57	55 bis 72	70 bis 93	90 bis 130
24		21,5		19,5	
20,5		19		17	
16		15,5		14,5	

Bild 1.3 zeigt, dass bei θ_i zwischen 20 und 22 °C eine Deckentemperatur von 20 bis 34 °C als behaglich toleriert wird.

Aus Bild 1.4 geht hervor, dass bei θ_i = 20 °C die Fußbodentemperatur nicht größer als 26 °C sein darf, um als behaglich empfunden zu wer-

Bild 1.6: Behaglichkeitsfeld des Menschen in geschlossenen Räumen in Abhängigkeit von Raumlufttemperatur und Luftbewegung

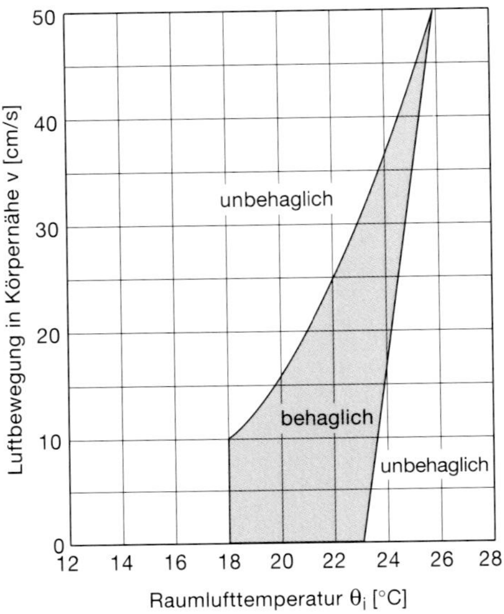

Geltungsbereich: mittlere Oberflächentemperatur der Raumbegrenzungen $\theta_{i,m}$ von 19,5 bis 23 °C, relative Luftfeuchte φ_i von 30 bis 70 % (nach Rietschel-Raiß)

den. Oberhalb dieser Temperatur können Fuß- und Unterschenkelbeschwerden mit Kreislaufstörungen auftreten. Diese Tatsache ist besonders für die Planung und Bemessung von Fußbodenheizungen von Bedeutung. Bild 1.5 lässt erkennen, dass bei θ_i = 22 °C die relative Luftfeuchte zwischen 20 % und 70 % schwanken kann, um gerade noch behaglich empfundene Raumklimaverhältnisse zu erreichen. Aus anderen hygienischen Gründen, wie Austrocknung der Schleimhäute und Schimmelpilzwachstum, sind Zielgrößen von 40 bis 60 % relative Luftfeuchte zu empfehlen. Diese Werte liegen deutlich im behaglichen Bereich. Bild 1.6 zeigt, dass bei θ_i zwischen 18 und 23 °C keine Luftbewegung erforderlich ist, um den Zustand der Behaglichkeit einzustellen. Aus diesen Behaglichkeitsfeldern und nach [1.3] können für Wohnräume die in Tafel 1.2 angeführten Grenzwerte und Bereiche für Behaglichkeitsfaktoren zusammengestellt werden (Raumtemperaturen von 22 °C, eine Außenlufttemperatur von -10 °C und ein Wärmeübergangskoeffizient auf der Raumseite von 8 W/(m²·K)). Für sommerliche Klimaverhältnisse ist das Temperaturamplitudenverhältnis TAV ein Kennwert, der die Wirkung der Wärmespeicherfähigkeit von Außenbauteilen beurteilt. Ein kleines TAV, insbesondere von Dächern und Decken, wirkt sich günstig auf die Raumtemperatur im Sommer aus.

Tafel 1.2: Grenzwerte und Bereiche für thermische Behaglichkeit in Wohnräumen und Anforderungen an Außenbauteile [1.5]

	Einflussgröße für die Behaglichkeit		Jahreszeit	Grenzwerte Bereiche	U-Wert $W/(m^2 \cdot K)$	TAV 1
1	Raumlufttemperatur	θ_i	Winter Sommer	20 bis 22 °C ≤ 25 °C		
2	mittlere Umschließungsflächen-Temperatur	$\theta_{i,m}$	Winter Sommer	≥ 17 °C ≤ 25 °C	≤ 1,25	≤ 0,15
3	Temperaturdifferenz zwischen Raumluft und Bauteiloberfläche (δ_1 = 21 °C)	$\Delta\theta$	Winter	≤ 3 K	≤ 0,75	
4	Temperaturdifferenz gegenüberliegender vertikaler Bauteile	$\Delta\theta$	Winter – Wände – Fenster	≤ 5 K ≤ 10 K	≤ 1,25 ≤ 2,00	
5	Temperaturdifferenz zwischen Decke und Fußboden	$\Delta\theta$	Winter	≤ 3 K	≤ 0,75	
6	Temperatur der Fußbodenoberfläche	$\theta_{i,o}$	Winter Sommer	17 bis 26 °C ≤ 26 °C	≤ 1,25	≤ 0,15
7	Temperatur der Deckenoberfläche	$\theta_{i,o}$	Winter Sommer	17 bis 34 ≤ 34 °C	≤ 1,25	≤ 0,15
8	Wärmestromdichte	q		≤ 40 W/m^2	≤ 1,25	
9	relative Feuchte der Raumluft	φ_i	Winter Sommer	40 bis 60 % 40 bis 60 %		
10	Luftbewegung in Körpernähe	v	Winter Sommer	≤ 0,15 m/s ≤ 0,30 m/s		

2 Grundlagen

2.1 Wärme

Wärme ist eine Erscheinungsform von Energie. Die Temperatur ist ein Maß für die in einem Körper enthaltene Wärme. Die Wärmemenge Q, die erforderlich ist, um die Temperatur einer bestimmten Menge einer Substanz um $\Delta T = 1$ K zu erhöhen, wird als Wärmekapazität C bezeichnet.

$$Q = C \cdot \Delta T \qquad \text{(Gl. 2.1)}$$

Bezieht man die Wärmekapazität auf die Masse der Substanz, spricht man von spezifischer Wärmekapazität c.

$$c = \frac{C}{m} \qquad \text{(Gl. 2.2)}$$

Man kann die Wärmekapazität auch auf das Volumen der Substanz beziehen.

$$c_{vol} = \frac{c \cdot m}{V} = c \cdot \rho \qquad \text{(Gl. 2.3)}$$

2.1.1 Mechanismen der Wärmeübertragung

Temperaturdifferenzen verursachen Wärmeströme. Im Fall der Wärmeübertragung kann dies durch

- ❐ Wärmeleitung,
- ❐ Wärmestrahlung oder
- ❐ Konvektion

erfolgen. Die wesentlichen Kennzeichen der Wärmeübertragung durch Bauteile werden im Folgenden kurz beschrieben.

2.1.1.1 Wärmeleitung

Als Wärmeleitung wird der Wärmestrom zwischen sich berührenden Körpern mit unterschiedlicher Temperatur bezeichnet (siehe Bild 2.1). Der Energieaustausch findet hierbei zwischen unmittelbar benachbarten Molekülen statt. Dementsprechend handelt es sich bei der Wärmeleitfähigkeit λ um eine Materialeigenschaft, die vom strukturellen Aufbau eines Werkstoffs beeinflusst wird. Beispielsweise haben metallische Werkstoffe eine hohe Wärmeleitfähigkeit. Gase, zum Beispiel Luft, haben einen sehr niedrigen λ-Wert. Mineralische Baustoffe weisen eine mäßige Wärmeleitfähigkeit auf. Die Wärmeleitfähigkeit von Beton hängt wesentlich von der Rohdichte der verwendeten Gesteinskörnungen ab und variiert zwischen $\lambda = 0{,}13$ W/(m·K) für haufwerksporigen Leichtbeton mit einer Rohdichte von 400 kg/m^3 und $\lambda = 2{,}5$ W/(m·K) für Normalbeton mit 2 % Bewehrungsgehalt. Die Wärmeleitfähigkeit ist besonders bei Gasen von der Temperatur abhängig. Strenggenommen muss bei anisotropen Werkstoffen wie zum Beispiel Holz, Schiefer oder gelochten Mauersteinen eine Richtungsabhängigkeit der Wärmeleitfä-

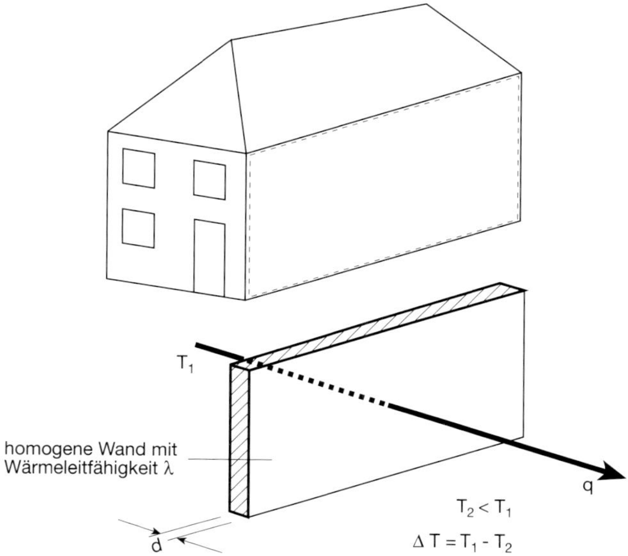

Bild 2.1: Beispiel für Wärmeleitung

higkeit berücksichtigt werden. Bei baupraktischen Berechnungen werden solche Effekte vernachlässigt. Einen Überblick über Anhaltswerte der Wärmeleitfähigkeit λ verschiedener Stoffe gibt Tafel 2.1.

Zur Beschreibung der Wärmeleitung wird im Allgemeinen eine Materialgleichung

$$q = \lambda \cdot (\nabla \cdot T) \qquad \text{(Gl. 2.4)}$$

verwendet. Es wird von einem linearen Zusammenhang zwischen der Wärmestromdichte q und dem Temperaturgradienten $(\nabla \cdot T)$ ausgegangen. Berücksichtigt man zusätzlich Wärmequellen W und die wärmetechnischen Stoffgrößen, erhält man bei Integration die bekannte Form der Fourierschen Differentialgleichung (DGL) der Wärmeleitung [2.4]

$$\frac{\partial T}{\partial t} = \frac{\lambda}{\rho \cdot c}\left(\frac{\partial^2 T}{\partial x^2} + \frac{\partial^2 T}{\partial y^2} + \frac{\partial^2 T}{\partial z^2}\right) + \frac{W}{\rho \cdot c} \qquad \text{(Gl. 2.5)}$$

Für die im Bauwesen üblichen Situationen werden nun die folgenden Einschränkungen gemacht, um die DGL der Wärmeleitung mit erträglichem Aufwand auch lösen zu können:

Tafel 2.1: Anhaltswerte der Wärmeleitfähigkeit

Material	Anhaltswerte für die Wärmeleitfähigkeit λ [W/(m·K)]
Aluminium	237
Beton	0,13 bis 2,50
Blei	353
Eis	0,59
Eisen	80,40
Glas	0,70 bis 0,90
Gold	318
Holz (Eiche)	0,15
Holz (Kiefer)	0,11
Kupfer	401
Luft (27 °C)	0,03
Silber	429
Stahl	46
Wasser (27 °C)	0,61

❒ Es wird ein eindimensionaler Wärmestrom angenommen

$$\Rightarrow \quad \frac{\partial T}{\partial t} = \frac{\lambda}{\rho \cdot c} \cdot \frac{\partial^2 T}{\partial x^2} + \frac{W}{\rho \cdot c} \qquad \text{(Gl. 2.6)}$$

❒ Wärmequellen und -senken werden vernachlässigt

$$\Rightarrow \quad \frac{\partial T}{\partial t} = \frac{\lambda}{\rho \cdot c} \cdot \frac{\partial^2 T}{\partial x^2} \qquad \text{(Gl. 2.7)}$$

❒ Es wird angenommen, dass ein stationärer Zustand erreicht wird (Wärmemenge Q im Element = const.). Diese Einschränkung bedeutet, dass die Wärmespeicherfähigkeit nicht berücksichtigt werden kann.

$$\Rightarrow \quad \frac{\partial Q}{\partial t} = O = \lambda \cdot \frac{\partial^2 T}{\partial x^2} \qquad \text{(Gl. 2.8)}$$

Eine solche Situation ist in Bild 2.1 dargestellt. Es werden zwei Bereiche mit den Temperaturen T_1 und $T_2 < T_1$ durch eine Schicht der Dicke s, die aus homogenem Material besteht, getrennt. Dabei wird vorausgesetzt, dass die Temperaturen T_1 und T_2 konstant gehalten werden und dass die Berandung der trennenden Schicht die Temperaturverteilung nicht beeinflusst, so dass ein Temperaturgradient ΔT senkrecht zur trennenden Schicht, in Richtung des Bereichs 2 entsteht.

Für das Beispiel in Bild 2.1 ergibt sich mit den oben gemachten Einschränkungen durch Integration der DGL

$$\lambda \cdot \frac{dT}{dx} = const = q \qquad \text{(Gl. 2.9)}$$

Das heißt, dass bei stationärem Zustand und konstanter Wärmeleitfähigkeit eine lineare Temperaturverteilung vorliegt. Nochmalige Integration liefert

$$q \cdot d = \lambda \cdot T(x)\Big|_{T_1}^{T_2} \qquad \text{(Gl. 2.10)}$$

Eine geeignete Vorzeichenkonvention führt auf die bekannte Beziehung

$$q = \frac{\lambda}{d} \cdot \Delta T \qquad \text{(Gl. 2.11)}$$

Diese Gleichung zur Ermittlung der Wärmestromdichte bildet die Grundlage für baupraktische Berechnungen. Aufgrund der gemachten Voraussetzungen (eindimensionaler Wärmestrom, Vernachlässigung von Wärmequellen und -senken sowie Annahme eines stationären Zustandes) beschreibt die obige Gleichung das tatsächliche thermische Verhalten von Bauteilen oder Gebäuden nur näherungsweise. Die Qualität dieser Näherung ist umso besser, je genauer die tatsächlich vorhandenen Randbedingungen mit den Voraussetzungen übereinstimmen. Wenn man homogene Wandbereiche ohne Flächenheizungen betrachtet und als Bezugszeitraum zumindest die Heizperiode wählt, so dass die Temperaturverteilung periodisch um einen Mittelwert schwankt, ist die Qualität der Näherungslösung für baupraktische Belange ausreichend.

Der Term $\frac{\lambda}{d}$ wird auch als Wärmedurchlasskoeffizient bezeichnet. Der Kehrwert des Wärmedurchlasskoeffizienten ist der Wärmedurchlasswiderstand

$$R = \frac{1}{\Lambda} = \frac{d}{\lambda} \qquad \text{(Gl. 2.12)}$$

Geschichtete Bauteile lassen sich als Reihen- bzw. Parallelschaltung von homogenen Bauteilen auffassen. Die Widerstände werden analog zu elektrischen Schaltungen berechnet.

1. Beispiel: Mehrere homogene Schichten in Richtung des Wärmestroms (Reihenschaltung, s. Bild 2.2)

Annahme: parallele und äquidistante Wärmestromlinien

Bild 2.2: Reihenschaltung bei geschichteten Bauteilen

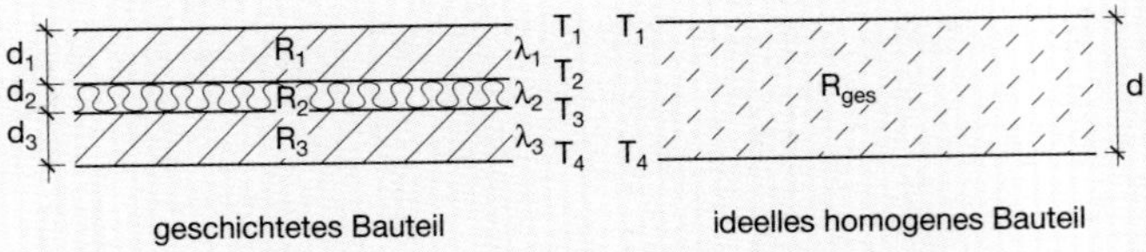

Unter der Voraussetzung, dass ein stationärer Zustand vorliegt, müssen die Wärmestromdichten durch alle Bauteilschichten gleich sein.

$$q_1 = q_2 = q_3 = q$$

$$q_1 = \frac{\lambda_1}{d_1}(T_2 - T_1) = q$$

$$q_2 = \frac{\lambda_2}{d_2}(T_3 - T_2) = q$$

$$q_3 = \frac{\lambda_3}{d_3}(T_4 - T_3) = q$$

Auflösen nach den Temperaturdifferenzen liefert

$$T_4 - T_3 = q\frac{d_3}{\lambda_3}$$

$$T_3 - T_2 = q\frac{d_2}{\lambda_2}$$

$$T_2 - T_1 = q\frac{d_1}{\lambda_1}$$

Addition liefert

$$T_4 - T_1 = q\left(\frac{d_1}{\lambda_1} + \frac{d_2}{\lambda_2} + \frac{d_3}{\lambda_3}\right)$$

oder allgemein für n Bauteilschichten

$$\Delta T_{ges} = q \cdot \sum_n \frac{d_n}{\lambda_n}$$

$$\Rightarrow R_{ges} = \sum_n \frac{d_n}{\lambda_n} = \sum_n R_n \qquad \text{(Gl. 2.13)}$$

2. Beispiel:
Mehrere homogene Schichten parallel zur Richtung des Wärmestroms (Parallelschaltung, s. Bild 2.3)

Annahme: parallele und äquidistante Isothermen

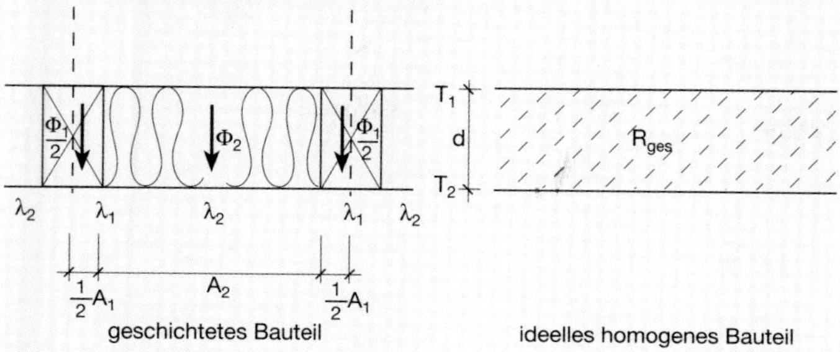

Bild 2.3: Parallelschaltung bei geschichteten Bauteilen

Bei dieser Parallelschaltung ergibt sich der Gesamtwärmestrom aus der Summe der Wärmeströme durch die Bauteilschichten

$$\Phi_{ges} = \Phi_1 + \Phi_2$$
$$= q_1 \cdot A_1 + q_2 \cdot A_2$$

$$\Leftrightarrow \quad q \cdot A_{ges} = \frac{A_1 \cdot \lambda_1 + A_2 \cdot \lambda_2}{d} \left(T_2 - T_1\right)$$

oder allgemein für m Bauteilschichten:

$$R_{ges} = \left(\sum_m f_m \cdot \frac{1}{R_m} \right)^{-1} \qquad \text{mit } f_m = \frac{A_m}{A_{ges}} \qquad \text{(Gl. 2.14)}$$

Die mit den Modellen der Reihen- bzw. Parallelschaltung berechneten Widerstände stellen einen oberen bzw. einen unteren Grenzwert dar [2.5]. Die bei diesen Modellen vorausgesetzten Randbedingungen (orthogonales Netz von Isothermen und Stromlinien) treffen in der Realität nicht zu. Stattdessen verdichten sich die Stromlinien und Isothermen im Bereich von Wärmebrücken, so dass sie ein krummliniges Netz bilden (siehe auch Abschnitt Wärmebrücken).

2.1.1.2 Wärmestrahlung

Neben der Wärmeleitung kann Wärmetransport auch durch Strahlung erfolgen. Es handelt sich dabei um einen Energieaustausch durch elektromagnetische Wellen. In Abhängigkeit von der Temperatur eines Strahlers ändern sich die abgestrahlte Leistung und das Spektrum der

Wellenlängen. Während bei Temperaturen unter ca. 600 °C die Wellenlängen der emittierten Strahlung fast vollständig im unsichtbaren Infrarot (über 800 nm) liegen, verschiebt sich das Spektrum bei höheren Temperaturen zu kürzeren Wellenlängen und die übertragene Wärmeleistung steigt an. Dieses Phänomen lässt sich gut beobachten, wenn man beispielsweise ein metallisches Werkstück kontinuierlich erhitzt. Ab einer bestimmten Temperatur schiebt sich das Spektrum der emittierten Strahlung in den sichtbaren Bereich (ungefähr 400 nm - 700 nm), was zunächst als dunkle Rotglut, bei weiterer Temperatursteigerung als helle Rotglut bis zur Weißglut wahrgenommen wird.

Das Stefan-Boltzmann-Gesetz gibt die Strahlungsleistung P eines Körpers in Abhängigkeit von der absoluten Temperatur, der Fläche und dem Emissionsgrad an. Sie beträgt

$$P = \varepsilon \cdot \sigma \cdot A \cdot T^4 \qquad \text{(Gl. 2.15)}$$

mit ε: Emissionsgrad ($0 \leq e \leq 1$)
σ: Stefan-Boltzmann Konstante ($\sigma = 5{,}6703 \cdot 10^{-8}$ [$W \cdot m^{-2} \cdot K^{-4}$])
A: Oberfläche des Strahlers [m^2]
T: Temperatur des Strahlers [K]
P: Strahlungsleistung [W].

Die Wellenlänge der von Bauteilen und Gebäuden emittierten Strahlung liegt - zumindest im Zustand der Gebrauchstauglichkeit - außerhalb des sichtbaren Bereichs. Bilanziert man den Energieaustausch eines Körpers und seiner Umgebung infolge von Strahlungsvorgängen, ergibt sich die Netto-Strahlungsleistung zu

$$P_{netto} = \varepsilon \cdot \sigma \cdot A\left(T^4 - T_0^4\right) \qquad \text{(Gl. 2.16)}$$

mit T_0: Umgebungstemperatur.

Unterscheiden sich die Temperaturen des Körpers und seiner Umgebung nur unwesentlich, wird häufig von folgender Näherung Gebrauch gemacht, die durch Umformung unter Verwendung der binomischen Formeln abgeleitet wird.

$$P_{netto} = \varepsilon \cdot \sigma \cdot A \cdot 4T_m^3 \cdot \left(T - T_0\right) \qquad \text{(Gl. 2.17)}$$

mit T_m: Mittelwert aus Umgebungstemperatur und Temperatur des Körpers.

Der Vorteil dieser Beschreibung liegt darin, dass der Wärmetransport durch Strahlungsvorgänge formal in gleicher Weise wie bei der Wärmeleitung mit Hilfe einer Temperaturdifferenz

$$\Delta T = T - T_0 \qquad \text{(Gl. 2.18)}$$

und eines Koeffizienten beschrieben werden kann, der aus der Umformung

$$P_{netto} = q \cdot A = \varepsilon \cdot \sigma \cdot 4T_m^3 \cdot \Delta T \cdot A$$

$$\Leftrightarrow \quad q = h_r \cdot \Delta T \qquad \text{(Gl. 2.19)}$$

mit:

$$h_r = \varepsilon \cdot \sigma \cdot 4T_m^3$$

(äußerer Abstrahlungskoeffizient)

abgeleitet werden kann.

Wärmetransport durch Strahlungsvorgänge ist auch für Bauwerke von Bedeutung. Beispielsweise trifft die von der Sonne abgestrahlte Leistung im Jahresmittel mit einer Intensität (Leistungsdichte) von ca. 1350 W/m^2 auf die Erdoberfläche. Infolge dieser Strahlung entstehen direkte Wärmegewinne durch Absorption der z.B. durch Fenster eingestrahlten Sonnenenergie und indirekte Wärmegewinne durch eine Temperaturerhöhung auf der Außenseite opaker Bauteile. Das Strahlungsmaximum liegt bei ca. 500 nm und damit im sichtbaren Bereich. Dagegen ist die Wellenlänge der von der Erdoberfläche oder auch von Bauwerken und Bauteilen emittierten Strahlung größer als 700 nm und damit unsichtbar. Von Interesse sind Strahlungsvorgänge auch bei Fenstern. Neben Emission und Absorption besteht auch die Möglichkeit der Reflexion von Strahlung. Durch gezielte Beschichtung des Fensterglases kann die Strahlungscharakteristik so verändert werden, dass eine optimale Nettostrahlungsleistung erzielt wird. Das Verfahren der Infrarotthermographie nutzt Strahlungsphänomene, um Temperaturdifferenzen auf Bauteiloberflächen sichtbar zu machen.

2.1.1.3 Konvektion

Neben der Wärmeleitung und -strahlung kann Wärme auch durch Massentransport übertragen werden. Dieser Vorgang ist besonders bei Gasen (insbesondere Luft) und Flüssigkeiten von Bedeutung, bei denen Wärme infolge von Strömungsvorgängen zusammen mit der Materie von einem Ort an einen anderen Ort bewegt wird.

$$\Phi = \frac{d}{dt}(m \cdot c) = h_c \cdot A \cdot \Delta T \qquad \text{(Gl. 2.20)}$$

Damit bei Temperaturdifferenzen eine solche Strömung entstehen kann, muss eine genügend große Schichtdicke des Gases bzw. des Fluids vorhanden sein. Wärmetransport durch Konvektion entsteht daher insbesondere an der Außenluftseite von Bauteilen, innerhalb von Wohnräumen, aber auch in Luftschichten zwischen Bauteilen, zum Beispiel bei hinterlüfteten Fassaden oder Dächern.

Die Werte für den Wärmeübergangskoeffizienten h_c auf der Wandinnenseite (h_{ci}) hängen ausschließlich von der Richtung des Wärmestroms ab. Sie betragen

- h_{ci} = 5,0 W/(m²·K) für einen aufwärts gerichteten Wärmestrom
- h_{ci} = 2,5 W/(m²·K) für einen horizontal gerichteten Wärmestrom
- h_{ci} = 0,7 W/(m²·K) für einen abwärts gerichteten Wärmestrom

Auf der Wandaußenseite kann der Wärmeübergangskoeffizient h_{ce} nach DIN EN ISO 6946 [2.6] mit

$$h_{ce} = 4 + 4 \cdot v \; [W/(m^2 \cdot K)] \qquad \text{(Gl. 2.21)}$$

berechnet werden. Hierin bezeichnet v die Windgeschwindigkeit in [m/s] über der Oberfläche.

2.1.1.4 Wärmeübergang

Die Vorgänge an Grenzschichten zwischen Gasen bzw. Fluiden und Festkörpern werden neben Konvektion auch durch Strahlung beeinflusst. Sie werden mit Hilfe sogenannter Wärmeübergangswiderstände erfasst, die formal einem Widerstand entsprechen und von den Eigenschaften der an den Festkörper grenzenden Luftschicht abhängen. Der Wärmeübergangswiderstand ist durch

$$R_S = \frac{1}{h_c + h_r} \left[\frac{m^2 \cdot K}{W} \right] \qquad \text{(Gl. 2.22)}$$

definiert, worin h_c und h_r die Wärmeübergangskoeffizienten infolge Konvektion bzw. Strahlung bezeichnen. Für ebene Flächen gelten die in der folgenden Tafel 2.2 angegebenen Werte der Wärmeübergangswiderstände R_{si} (innen) und R_{se} (außen), wenn keine besonderen Randbedingungen vorliegen.

Tafel 2.2: Rechenwerte der Wärmeübergangswiderstände nach DIN EN ISO 6946

	Richtung des Wärmestroms		
	aufwärts	horizontal	abwärts
R_{si} [m²·K/W]	0,10	0,13	0,17
R_{se} [m²·K/W]	0,04	0,04	0,04

Den Tafelwerten liegen folgende Annahmen zu Grunde:

- Emissionsgrad ε = 0,9
- T_M = 20 °C für die Berechnung von R_{si}
- T_M = 0 °C für die Berechnung von R_{se}
- Windgeschwindigkeit auf der Außenseite v = 4 m/s

Abweichende Randbedingungen können mit Hilfe der angegebenen Gleichungen in den Abschnitten 2.1.1.2 und 2.1.1.3 erfasst werden.

2.1.1.5 Wärmebrücken

Im vorhergehenden Abschnitt wurde bereits erläutert, dass ein Bauteil, das aus mehreren Schichten besteht, deren Grenzflächen parallel oder senkrecht zur Richtung des Wärmestroms verlaufen, in Analogie zu parallel bzw. in Reihe geschalteten Widerständen berechnet werden kann. Dazu wurde angenommen, dass die Oberflächentemperaturen unabhängig von den Bauteileigenschaften sind (T_i = const., T_a = const.) und dass die Richtung des Wärmestroms in jedem Punkt des geschichteten Bauteils parallel zu den Grenzflächen verläuft (orthogonales Netz aus Isothermen und Wärmestromlinien). Bei genauer Betrachtung zeigt sich, dass diese Annahmen in vielen Fällen nur näherungsweise erfüllt sind und sich in Wirklichkeit veränderliche Temperaturverteilungen einstellen. Hierfür gibt es prinzipiell zwei Ursachen, anhand derer in physikalische und geometrische Wärmebrücken unterschieden wird. Bei geschichteten Bauteilen handelt es sich aufgrund der Unstetigkeit bei den Materialeigenschaften um physikalische Wärmebrücken. Bei Ecken bzw. Knicken in Bauteilen spricht man von geometrischen Wärmebrücken. Betrag und Richtung des Wärmestroms im Bereich von Wärmebrücken ergeben sich daher als Lösung der Fourierschen DGL der Wärmeleitung unter Berücksichtigung der Rand- und Übergangsbedingungen für Temperatur und Wärmestrom. Im Ergebnis stellt man fest, dass bei genauer Berücksichtigung unterschiedlicher Wärmeleitfähigkeiten bzw. geometrischen Unstetigkeiten im Bereich von Wärmebrücken

- die Isothermen in größerem Abstand zueinander verlaufen als im Bereich von Materialien geringer Wärmeleitfähigkeit. Das bedeutet, dass die Temperaturdifferenz zwischen warmer und kalter Seite eines Bauteils geringer ist als im ungestörten Bereich. Die damit verbundenen relativ niedrigen Oberflächentemperaturen können zu Problemen wie Tauwasserausfall oder Schimmelpilzbildung führen.
- die Wärmestromlinien in geringerem Abstand zueinander verlaufen als im Bereich von Materialien geringer Wärmeleitfähigkeit. Das bedeutet, dass Wärmebrücken einen überproportional großen Anteil an den Transmissionswärmeverlusten eines Gebäudes haben.

Wegen der oben genannten Effekte haben diese Bauteilschichten einen überproportional großen Anteil am Wärmestrom. Im Rahmen der Energieeinsparverordnung (EnEV) sind die Auswirkungen von Wärmebrücken durch Zuschläge zu berücksichtigen. Auf die praktische Bedeutung des erhöhten Wärmestroms und der geringeren Oberflächentemperatur auf der „warmen" Bauteilseite wird in den Kapiteln zum Nachweis des Wärme- bzw. Feuchteschutzes eingegangen.

Bild 2.4: Wärmebrücken, Prinzipdarstellung

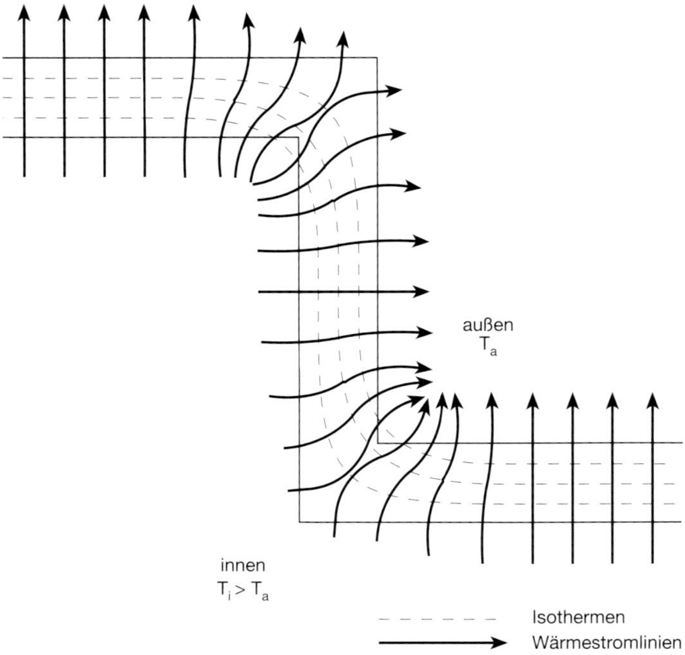

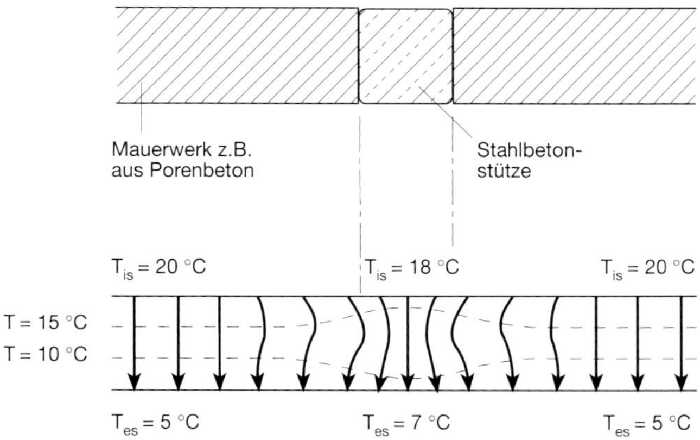

2.1.2 Berechnung des Wärmedurchgangskoeffizienten (U-Wert) nach DIN EN ISO 6946

Das Verfahren zur Berechnung des Wärmedurchgangskoeffizienten U von Bauteilen ist in DIN EN ISO 6946 geregelt. Es basiert im Prinzip auf den in Abschn. 2.1.1.1 gemachten Annahmen und ist auf Bauteile, die aus thermisch homogenen Schichten mit Grenzflächen parallel bzw. orthogonal zum Wärmestrom zusammengesetzt sind, anwendbar.

Luftschichten können als thermisch homogen angesehen werden. Für verglaste Bauteile (Fenster, Türen) und an das Erdreich grenzende Bauteile ist das Verfahren nicht geeignet. Besonderheiten ergeben sich bei keilförmigen Schichten, bei Luftspalten und bei mechanischen Verbindungsteilen, die von der kalten zur warmen Seite verlaufen. Das Verfahren wird am Beispiel der in Bild 2.5 dargestellten Außenwand erläutert. Zunächst erfolgt eine gedankliche Zerlegung des zusammengesetzten Bauteils in n = 5 Schichten, mit Grenzflächen senkrecht zum Wärmestrom. Schicht 2 ist thermisch inhomogen, weil sie aus 2 Baustoffen mit verschiedenen Werten für die Wärmeleitfähigkeit besteht. Aus diesem Grund müssen die Schichten (symmetrisch) in m = 2 Abschnitte unterteilt werden, so dass sich der Gesamtquerschnitt aus m · n = 2 · 5 = 10 homogenen Teilquerschnitten zusammensetzt.

Die Wärmedurchlasswiderstände der Teilquerschnitte ergeben sich zu

$$R_{m,n} = \frac{s_n}{\lambda_{m,n}} \qquad \text{(Gl. 2.23)}$$

Dann lässt sich der obere Grenzwert des Wärmedurchgangswiderstandes zu

$$R_T' = \left(\sum_m \frac{f_m}{\left[R_{si} + \underbrace{\sum_n R_{m,n}}_{\text{Widerstand des Abschnitts } m} + R_{se} \right]} \right)^{-1} \qquad \text{(Gl. 2.24)}$$

ermitteln.

Der untere Grenzwert des Wärmedurchgangswiderstandes errechnet sich zu

$$R_T'' = R_{si} + \sum_n \underbrace{\left[\sum_m \frac{f_m}{R_{m,n}} \right]^{-1}}_{\text{Widerstand der Schicht } n} + R_{se} \qquad \text{(Gl. 2.25)}$$

Der Wärmedurchgangswiderstand des Bauteils ergibt sich als arithmetisches Mittel aus oberem und unterem Grenzwert

$$R_T = \frac{R_T' + R_T''}{2} \qquad \text{(Gl. 2.26)}$$

Eventuell vorhandene Luftschichten dürfen bei der Bestimmung des U-Werts als thermisch homogen angesetzt werden. Der anzusetzende

Wärmedurchlasswiderstand richtet sich nach dem zu erwartenden Luftaustausch der Schicht und kann der folgenden Tafel entnommen werden.

Tafel 2.3: Rechenwerte des Wärmedurchlasswiderstands von Luftschichten nach DIN EN ISO 6946

Art der Luftschicht	Richtung des Wärmestroms	Dicke der Luftschicht in mm								
		0	5	7	10	15	25	50	100	300
ruhende Luftschicht[1)]	aufwärts	0	0,11	0,13	0,15	0,16	0,16	0,16	0,16	0,16
	horizontal	0	0,11	0,13	0,15	0,17	0,18	0,18	0,18	0,18
	abwärts	0	0,11	0,13	0,15	0,17	0,19	0,21	0,22	0,23
schwach belüftet[2)]	aufwärts	0	0,06	0,07	0,08	0,08	0,08	0,08	0,08	0,08
	horizontal	0	0,06	0,07	0,08	0,09	0,09	0,09	0,09	0,09
	abwärts	0	0,06	0,07	0,08	0,09	0,11	0,11	0,11	0,12
stark belüftet[3)]	aufwärts	0,10	0,10	0,10	0,10	0,10	0,10	0,10	0,10	0,10
	horizontal	0,13	0,13	0,13	0,13	0,13	0,13	0,13	0,13	0,13
	abwärts	0,17	0,17	0,17	0,17	0,17	0,17	0,17	0,17	0,17

1) Als ruhend gelten Luftschichten, wenn Öffnungen maximal 500 mm^2 je Meter Länge bei vertikalen bzw. 500 mm^2/m^2 Oberfläche bei horizontalen Luftschichten aufweisen und keine Luftzirkulation möglich ist. Entwässerungsöffnungen in Form von offenen Stoßfugen bei Mauerwerk werden nicht als Lüftungsfugen angesehen.

2) Als schwach belüftet gelten Luftschichten, wenn die Grenzwerte der Öffnungen nach 1) um nicht mehr als 1000 mm^2 überschritten werden. Der Wärmedurchlasswiderstand von Schichten zwischen schwach belüfteten Luftschichten und der Außenumgebung darf mit maximal 0,15 $m^2 \cdot K/W$ angerechnet werden.

3) Luftschichten, die nicht unter 1) oder 2) fallen, sind als stark belüftet anzusehen. Bauteilschichten auf der kalten Seite stark belüfteter Luftschichten dürfen bei der Berechnung nicht angesetzt werden.

Beispiel: Komplex zusammengesetzte Bauteile (Kombination aus Parallel- und Reihenschaltung)

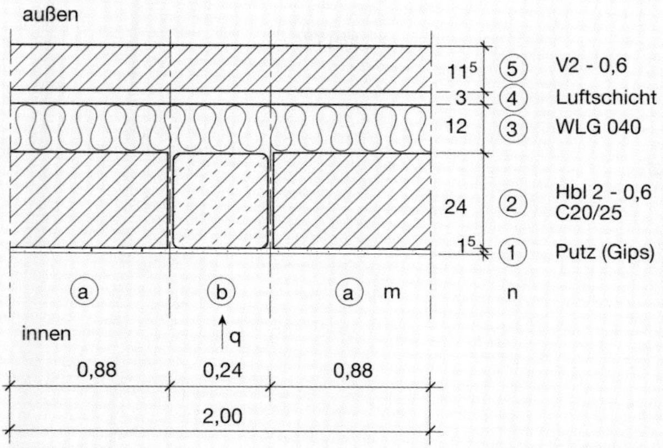

Bild 2.5: Komplex zusammengesetztes Bauteil

Schichtenfolge:

1 Gipsinnenputz	d = 1,5 cm	$\lambda = 0{,}70$ W/(m·K)
2a Mauerwerk Hbl 2-0,6	d = 24,0 cm	$\lambda = 0{,}32$ W/(m·K)
2b Stahlbeton C20/25	d = 24,0 cm	$\lambda = 2{,}30$ W/(m·K)
3 Wärmedämmung WLG 040	d = 12,0 cm	$\lambda = 0{,}04$ W/(m·K)
4 Luftschicht, ruhend	d = 3,0 cm	$R_4 = 0{,}18$ m²·K/W
5 Verblendmauerwerk V2-0,6	d = 11,5 cm	$\lambda = 0{,}34$ W/(m·K)

Zur Bestimmung des U-Werts müssen zunächst der obere und der untere Grenzwert des Wärmedurchlasswiderstands berechnet werden.

1. Fall: Ermittlung des unteren Grenzwerts, Reihenschaltung von fünf Bauteilschichten, Schicht 2 ist Parallelschaltung aus zwei Abschnitten

$$\frac{1}{R_1} = \frac{\lambda_1}{d_1}$$

$$\frac{1}{R_2} = f_a \cdot \frac{\lambda_{2a}}{d_2} + f_b \cdot \frac{\lambda_{2b}}{d_2}$$

$$\frac{1}{R_3} = \frac{\lambda_3}{d_3}$$

$$\frac{1}{R_5} = \frac{\lambda_5}{d_5}$$

$$R_{ges} = R_1 + R_2 + R_3 + R_4 + R_5$$

$$= \frac{d_1}{\lambda_1} + \frac{d_2}{f_a \cdot \lambda_{2a} + f_b \cdot \lambda_{2b}} + \frac{d_3}{\lambda_3} + R_4 + \frac{d_5}{\lambda_5} \mathrel{\hat{=}} R''_T$$

Die Berechnung erfolgt zweckmäßigerweise in tabellarischer Form.

Tafel 2.4: Berechnung des unteren Grenzwerts des Wärmedurchlasswiderstands R''_T

			Abschnitte			
			m=a, f_a=0,88	m=b, f_b=0,12		R_n
		R_{si}	Widerstand $R_{m,n}$		R_{se}	
	R_{si}	0,13				0,13
Schichten	n=1, s_1=0,015		0,02			0,02
Schichten	n=2, s_2=0,240		0,75	0,10		0,42
Schichten	n=3, s_3=0,120		3			3,00
Schichten	n=4, s_4=0,030		0,18			0,18
Schichten	n=5, s_5=0,115		0,34			0,34
	R_{se}				0,04	0,04
	R''_T					4,13

2. Fall: Ermittlung des oberen Grenzwerts, Parallelschaltung von zwei Abschnitten, die aus jeweils fünf in Reihe geschalteten Bauteilschichten bestehen

$$R_a = \frac{d_1}{\lambda_1} + \frac{d_2}{\lambda_{2a}} + \frac{d_3}{\lambda_3} + R_4 + \frac{d_5}{\lambda_5}$$

$$R_b = \frac{d_1}{\lambda_1} + \frac{d_2}{\lambda_{2b}} + \frac{d_3}{\lambda_3} + R_4 + \frac{d_5}{\lambda_5}$$

$$\frac{1}{R_{ges}} = f_a \cdot \frac{1}{R_a} + f_b \cdot \frac{1}{R_b}$$

$$\Leftrightarrow R_{ges} = R_{si} + \left(\frac{f_a}{R_a} + \frac{f_b}{R_b} \right)^{-1} + R_{se} \mathrel{\hat{=}} R_T'$$

			Abschnitte			
			$m=a$, $f_a=0{,}88$	$m=b$, $f_b=0{,}12$		R'_T
		R_{si}	Widerstand $R_{m,n}$		R_{se}	
	R_{si}	0,13				
	$n=1$, $s_1=0{,}015$		0,02			
	$n=2$, $s_2=0{,}240$		0,75	0,10		
Schichten	$n=3$, $s_3=0{,}120$		3			
	$n=4$, $s_4=0{,}030$		0,18			
	$n=5$, $s_5=0{,}115$		0,34			
	R_{se}				0,04	
	R_m	0,13	4,29	3,64	0,04	**4,37**

Tafel 2.5: Berechnung des oberen Grenzwerts des Wärmedurchlasswiderstands R'_T

Damit errechnet sich der Wärmedurchgangswiderstand des zusammengesetzten Bauteils zu

$$R = \frac{4{,}13 + 4{,}37}{2} = 4{,}25\ \frac{m^2 \cdot K}{W}$$

Das entspricht einem Wärmedurchgangskoeffizienten von

$$U = \frac{1}{R} = 0{,}24\ W/(m^2 \cdot K)$$

In vielen Fällen wird auf Flachdächern ein Gefälleestrich angeordnet, der für eine sichere Ableitung des auf der Dachfläche anfallenden Regenwassers sorgt. Entsprechend der Definition des Wärmedurchlasswiderstands ist der Wert R mit der Schichtdicke veränderlich, wobei die Abweichung der Richtung des Wärmestroms von der Vertikalen vernachlässigt wird. In DIN EN ISO 6946 sind die folgenden Formeln zur Berechnung häufig vorkommender Bauteile mit homogenen Schichten veränderlicher Dicke (Gefälle < 5%) angegeben.

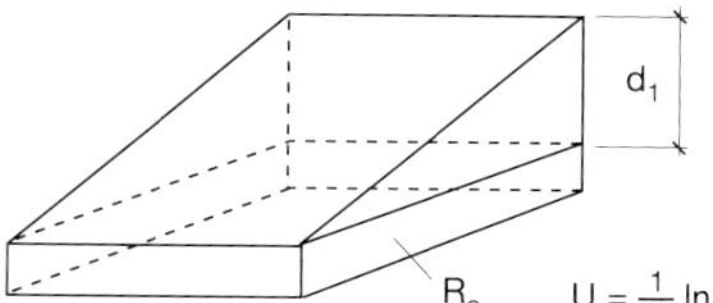

Bild 2.6: Keilförmige Schicht mit rechteckiger Grundfläche

$$U = \frac{1}{R_1} \ln\left[1 + \frac{R_1}{R_o}\right] = \frac{1}{R_1} \ln\left[\frac{R_o + R_1}{R_o}\right] \qquad \text{(Gl. 2.27)}$$

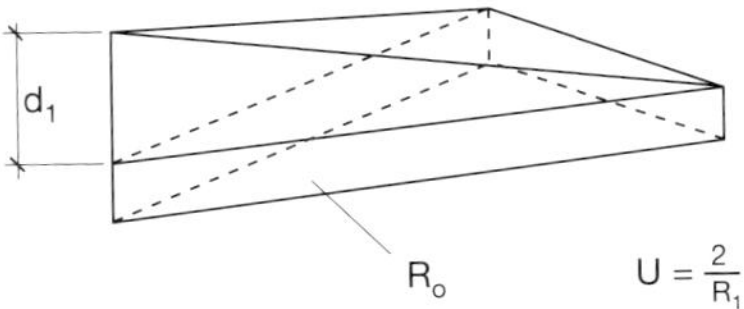

Bild 2.7: Keilförmige Schicht mit dreieckiger Grundfläche, größte Schichtdicke an einer Dreieckspitze

$$U = \frac{2}{R_1}\left[\left(1+\frac{R_0}{R_1}\right)\ln\left(1+\frac{R_1}{R_0}\right)-1\right] \qquad \text{(Gl. 2.28)}$$

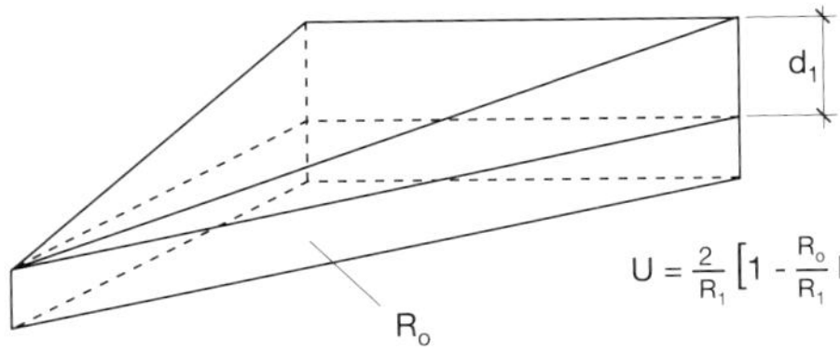

Bild 2.8: Keilförmige Schicht mit dreieckiger Grundfläche, größte Schichtdicke an zwei Dreieckspitzen

$$U = \frac{2}{R_1}\left[1-\frac{R_0}{R_1}\ln\left(1+\frac{R_1}{R_0}\right)\right] \qquad \text{(Gl. 2.29)}$$

Der Gang der Berechnung soll anhand einer Geschossdecke dargestellt werden, die nach innen entwässert wird, z.B. eine Hofkellerdecke. Die Schichtenfolge ist in den folgenden Bildern dargestellt.

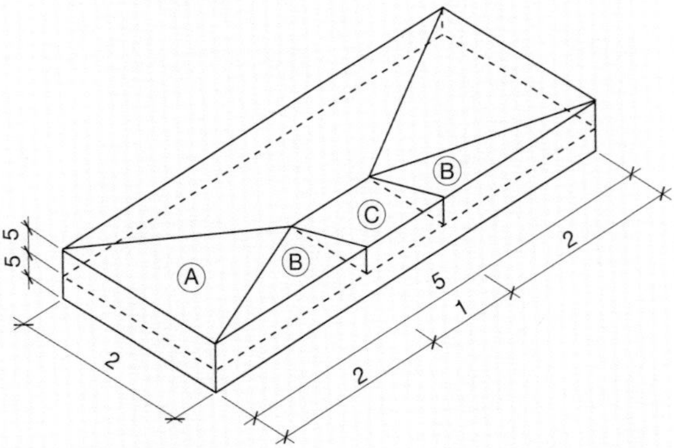

Bild 2.9: Hofkellerdecke mit Gefälleestrich, perspektivische Darstellung der Dämmschicht und Schnitt

Abbildung: Gefälleestrich

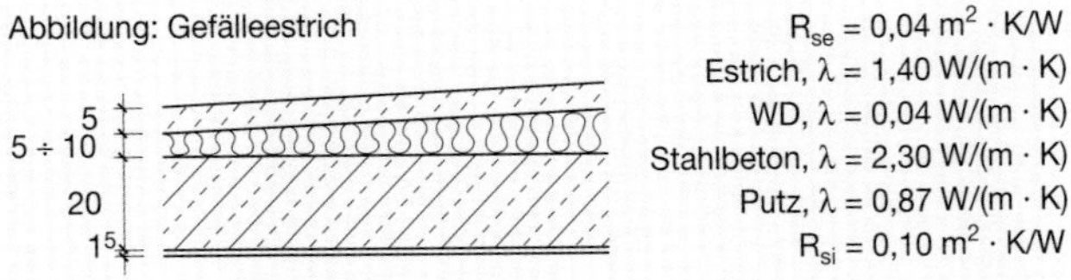

Zunächst wird der Wärmedurchgangswiderstand R_0 des Bauteils unter Vernachlässigung der geneigten Schicht berechnet. Hierbei sind die Wärmeübergangswiderstände zu berücksichtigen.

$$R_0 = R_{si} + \sum_i \frac{d_i}{\lambda_i} + R_{se}$$

$$= 0{,}10 + \frac{0{,}015}{0{,}87} + \frac{0{,}2}{2{,}3} + \frac{0{,}1}{0{,}04} + \frac{0{,}05}{1{,}4} + 0{,}04$$

$$= 2{,}78 \frac{m^2 \cdot K}{W}$$

Der Wärmedurchlasswiderstand R_1 aller keilförmigen Schichten ist in diesem Beispiel identisch, weil die maximale Schichtdicke gleich ist. Er beträgt

$$R_1 = \frac{d_1}{\lambda} = \frac{0{,}05}{0{,}04} = 1{,}25 \frac{m^2 \cdot K}{W}$$

Die Gesamtfläche wird nun in Teilflächen, die hier mit den Buchstaben A, B und C bezeichnet sind, aufgeteilt. Die Wärmedurchgangskoeffizienten U und die Teilflächen ergeben sich zu

$$U_A = \frac{2}{R_1}\left[1 - \frac{R_0}{R_1}\ln\left(1 + \frac{R_1}{R_0}\right)\right] = 0{,}279\ W/(m^2 \cdot K)$$

$$U_B = U_A$$

$$U_C = \frac{1}{R_1}\ln\left[1 + \frac{R_1}{R_0}\right] = 0{,}297\ W/(m^2 \cdot K)$$

Der Gesamtwärmedurchgangskoeffizient ergibt sich damit zu

$$U = \frac{\sum U_i \cdot A_i}{A_{ges}} = \frac{0{,}279 \cdot \left(\overbrace{2 \cdot 2{,}0}^{A_A} + \overbrace{4 \cdot 1{,}0}^{A_B}\right) + 0{,}297 \cdot \left(\overbrace{2 \cdot 1{,}0}^{A_C}\right)}{10{,}0} = 0{,}283\ W/(m^2 \cdot K)$$

Bei zweischaligen Konstruktionen im Betonfertigteilbau, aber auch bei zweischaligem Mauerwerk werden Verankerungskonstruktionen zur Befestigung der beiden Schalen untereinander verwendet. Diese Verankerungspunkte stellen punktförmige Wärmebrücken dar, die bei der Berechnung des Wärmedurchgangskoeffizienten für das Bauteil durch einen von der Bauart und der Anzahl der Anker pro Flächeneinheit abhängigen Zuschlag ΔU zu berücksichtigen sind. Rechenwerte für den Zuschlag ΔU sind Herstellerangaben zu entnehmen.

2.2 Feuchte

2.2.1 Feuchte von Baustoffen

Im allgemeinen Sprachgebrauch verwendet man für den festen, flüssigen bzw. gasförmigen Aggregatzustand der chemischen Verbindung H_2O die Bezeichnungen Eis, Wasser und Wasserdampf. Da diese Bezeichnungen lediglich den Aggregatzustand, nicht aber die chemische Zusammensetzung kennzeichnen, wird im Folgenden einfach von

Wasser gesprochen, wenn dem Aggregatzustand keine besondere Bedeutung zukommt. Das in Baustoffen und in der Luft vorhandene Wasser wird auch als Feuchte bezeichnet. Das Vorhandensein von Feuchte in größeren Mengen ist in Bauwerken unerwünscht, weil es sich negativ auf die hygienischen Verhältnisse, die Baustoffeigenschaften und die Dauerhaftigkeit von Bauwerken auswirkt. Eine große Bedeutung im Hinblick auf Feuchte kommt den Transportmechanismen in Baustoffen zu. Sie bestimmen den Feuchtegehalt von Baustoffen und Bauteilen und hängen vom Aggregatzustand ab. Der Phasenübergang kann als Diagramm dargestellt werden, in dem der Druck und der Aggregatzustand einer Substanz (hier Wasser) in Abhängigkeit von der Temperatur aufgetragen wird (siehe Bild 2.10). Die Wertepaare von Druck und Temperatur, bei denen ein Phasenübergang stattfindet, sind als Linien eingezeichnet. Bemerkenswert ist, dass im sog. Tripelpunkt alle drei Aggregatzustände gleichzeitig auftreten können. Weiterhin stellt man fest, dass oberhalb der sog. kritischen Temperatur von 646 K ($\hat{=}$73,85 °C) für H_2O ausschließlich die Gasphase vorkommt, was für den Bereich des Bauwesens jedoch nicht relevant ist, weil dort praktisch Temperaturen zwischen - 20 °C und + 60 °C herrschen.

Bild 2.10: Phasendiagramm von Wasser

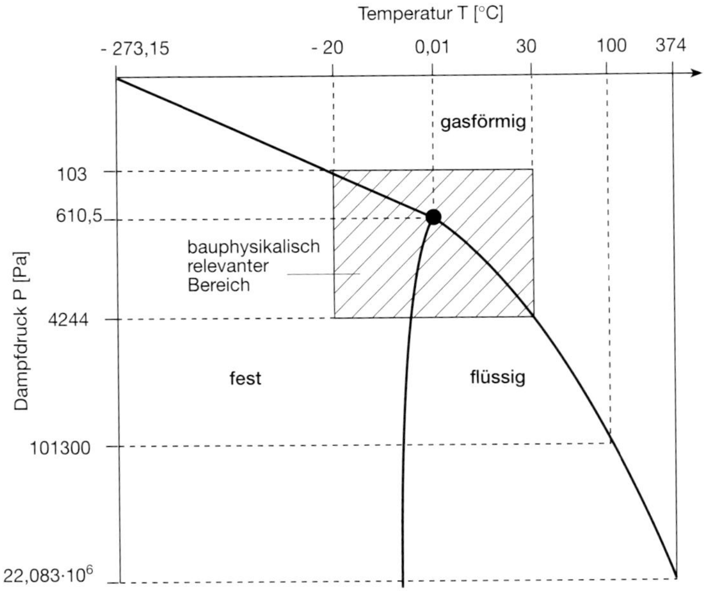

Dampfdruck, Partialdruck, relative Feuchte und Taupunkt

Der Dampfdruck gibt bei konstanter Temperatur denjenigen Druck an, bei dem Eis oder Wasser mit Wasserdampf im Gleichgewicht stehen. Beispielsweise beträgt bei einer Temperatur von 100 °C der Dampfdruck von Wasser 0,1013 MPa. Wasserdampf ist für Baustoffe, Bauteile und Bauwerke unschädlich, solange er ungehindert durch Bauteile diffundieren kann und nicht kondensiert, d.h. als (flüssiges) Wasser ausfällt. Wasserdampf ist in unterschiedlicher Menge in Luft enthalten. Die Luft selbst ist im Wesentlichen nichts anderes als eine Mischung der gasförmigen Phasen von Stickstoff, Sauerstoff, Argon, Kohlenoxid und Spuren anderer Gase – z.B. auch Wasserdampf. Die kritischen Temperaturen dieser Stoffe liegen allerdings – mit Ausnahme des Wasserdampfs – so niedrig, dass sie ausschließlich gasförmig auftreten. Der Luftdruck (ca. 0,1013 MPa) ist derjenige Druck, den alle in der Luft enthaltenen Gase in der Summe ausüben. Im betrachteten Temperaturbereich (-20 °C bis +30 °C) kann der vom enthaltenen Wasserdampf ausgeübte Druck maximal zwischen 103 Pa bei -20 °C und 4244 Pa bei

Tafel 2.6: Wasserdampfsättigungsdruck von Wasser zwischen –20,9 °C und +30,9 °C

	Wasserdampfsättigungsdruck p_s [Pa]									
Temperatur [°C]	,0	,1	,2	,3	,4	,5	,6	,7	,8	,9
–0	611	605	600	595	592	587	582	577	572	567
–1	562	557	552	547	543	538	534	531	527	522
–2	517	514	509	505	501	496	492	489	484	480
–3	476	472	468	464	461	456	452	448	444	440
–4	437	433	430	426	423	419	415	412	408	405
–5	401	398	395	391	388	385	382	379	375	372
–6	368	365	362	359	356	353	350	347	343	340
–7	337	336	333	330	327	324	321	318	315	312
–8	310	306	304	301	298	296	294	291	288	286
–9	284	281	279	276	274	272	269	267	264	262
–10	260	258	255	253	251	249	246	244	242	239
–11	237	235	233	231	229	228	226	224	221	219
–12	217	215	213	211	209	208	206	204	202	200
–13	198	197	195	193	191	190	188	186	184	182
–14	181	180	178	177	175	173	172	170	168	167
–15	165	164	162	161	159	158	157	155	153	152
–16	150	149	148	146	145	144	142	141	139	138
–17	137	136	135	133	132	131	129	128	127	126
–18	125	124	123	122	121	120	118	117	116	115
–19	114	113	112	111	110	109	107	106	105	104
–20	103	102	101	100	99	98	97	96	95	94

Tafel 2.6: Wasserdampfsättigungsdruck von Wasser zwischen −20,9 °C und +30,9 °C (Fortsetzung)

Temperatur [°C]	Wasserdampfsättigungsdruck p_s [Pa] ,0	,1	,2	,3	,4	,5	,6	,7	,8	,9
30	4244	4269	4294	4319	4344	4369	4394	4419	4445	4469
29	4006	4030	4053	4077	4101	4124	4148	4172	4196	4219
28	3781	3803	3826	3848	3871	3894	3916	3939	3961	3984
27	3566	3588	3609	3631	3652	3674	3695	3717	3793	3759
26	3362	3382	3403	3423	3443	3436	3484	3504	3525	3544
25	3169	3188	3208	3227	3246	3266	3284	3304	3324	3343
24	2985	3003	3021	3040	3059	3077	3095	3114	3132	3151
23	2810	2827	2845	2863	2880	2897	2915	2932	2950	2968
22	2645	2661	2678	2695	2711	2727	2744	2761	2777	2794
21	2487	2504	2518	2535	2551	2566	2582	2598	2613	2629
20	2340	2354	2369	2384	2399	2413	2428	2443	2457	2473
19	2197	2212	2227	2241	2254	2268	2283	2297	2310	2324
18	2065	2079	2091	2105	2119	2132	2145	2158	2172	2185
17	1937	1950	1963	1976	1988	2001	2014	2027	2039	2052
16	1818	1830	1841	1854	1866	1878	1889	1901	1914	1926
15	1706	1717	1729	1739	1750	1762	1773	1784	1795	1806
14	1599	1610	1621	1631	1642	1653	1663	1674	1684	1695
13	1498	1508	1518	1528	1538	1548	1559	1569	1578	1588
12	1403	1413	1422	1431	1441	1451	1460	1470	1479	1488
11	1312	1321	1330	1340	1349	1358	1367	1375	1385	1394
10	1228	1237	1245	1254	1262	1270	1279	1287	1296	1304
9	1148	1156	1163	1171	1179	1187	1195	1203	1211	1218
8	1073	1081	1088	1096	1103	1110	1117	1125	1133	1140
7	1002	1008	1016	1023	1030	1038	1045	1052	1059	1066
6	935	942	949	955	961	968	975	982	988	995
5	872	878	884	890	896	902	907	913	919	925
4	813	819	825	831	837	843	849	854	861	866
3	759	765	770	776	781	787	793	798	803	808
2	705	710	716	721	727	732	737	743	748	753
1	657	662	667	672	677	682	687	691	696	700
0	611	616	621	626	630	635	640	645	648	653

+30 °C betragen. Die Sättigungsdrücke p_s in Abhängigkeit von der Temperatur sind in Tafel 2.6 angegeben.

Drücke oberhalb des Sättigungsdrucks sind nicht möglich, weil stattdessen (Tau-)Wasser ausfällt. Fast immer liegt der Wasserdampfgehalt der Luft unter dem maximal möglichen Wert, und der Dampfdruck wird nicht erreicht. Man spricht dann vom Wasserdampfteildruck oder Partialdruck p_P. Er kennzeichnet die relative Feuchte φ der Luft.

$$\varphi = \frac{p_P}{p_s} \qquad \text{(Gl. 2.30)}$$

Umgekehrt kann man bei Kenntnis der relativen Feuchte der Luft den Partialdruck durch

$$p_P = \varphi \cdot p_s \qquad \text{(Gl. 2.31)}$$

ausrechnen. Mit Hilfe der allgemeinen Gasgleichung kann bei gegebener Temperatur und relativer Luftfeuchte (Partialdruck) die Masse des in 1 m^3 Luft enthaltenen Wasserdampfs mit

$$m = p_p \cdot \frac{2,16}{273,15 + T} \left[\frac{g}{m^3}\right] \qquad \text{(Gl. 2.32)}$$

berechnet werden. Darin ist p_P der Partialdruck in [Pa] und T die Temperatur in [°C].

Besondere Bedeutung kommt dem Fall zu, dass die Luft einer bestimmten relativen Feuchte (das heißt mit bestimmtem Wasserdampfteildruck) abgekühlt wird. Bei Verringerung der Temperatur fällt auch der Dampfdruck (= maximal aufnehmbare Feuchtigkeit) während der Wasserdampfteildruck (= in der Luft enthaltener Wasserdampf) unverändert bleibt. Fällt die Temperatur so weit, dass der Dampfdruck den Wasserdampfteildruck erreicht bzw. überschreitet, fällt Tauwasser aus (Phasenübergang). Diese Temperatur wird als Taupunkt bezeichnet und hängt nur vom Wasserdampfteildruck vor der Abkühlung ab.

Beispiel:
Gegeben ist eine Menge Luft mit einer Temperatur T_0 = 25°C und einem Partialdruck p_P = 1800 Pa. Die relative Feuchte ergibt sich zu

$$\varphi = \frac{p_P}{p_s} = \frac{1800}{3169} = 0,568 \mathrel{\hat{=}} 56,8\ \%$$

Die ausfallende Menge an Kondensat bei Abkühlung von 1 m^3 Luft mit einer relativen Feuchte von 56,8% und einer Temperatur von 25 °C auf 12 °C kann dann mit Hilfe der allgemeinen Gasgleichung leicht ermittelt werden. Für das Beispiel (T = 25 °C, P = 1800 Pa) ergibt sich der Wasserdampf der Luft zu

$$m = 1800 \cdot \frac{2,16}{273,15 + 25} = 13,08\ \text{g}$$

Bei einer Temperatur von 12 °C kann die Luft bei Erreichen des Sättigungsdrucks maximal

$$m = 1403 \cdot \frac{2{,}16}{273{,}15 + 12} = 10{,}63 \text{ g}$$

Wasser enthalten. Die Masse des ausfallenden Tauwassers beträgt damit

$$m_{Tau} = 13{,}08 - 10{,}63 = 2{,}45 \text{ g}$$

2.3 Baulicher Zustand und Nutzung

Der bauliche Wärme- und Feuchteschutz muss mehrere Aufgaben erfüllen.

- Zur Sicherstellung hygienisch einwandfreier Wohnbedingungen sind ein Mindestwärmeschutz, eine Abdichtung der Gebäude gegen Feuchtigkeit und ein Mindestluftwechsel sicherzustellen.
- Für das Wohlbefinden und die Leistungsfähigkeit der Bewohner soll ein behagliches Raumklima erreicht werden.
- Im Hinblick auf einen schonenden Umgang mit Ressourcen sind Gebäude energieeffizient zu planen, auszuführen und zu betreiben bzw. benutzen. Dies betrifft in erster Linie den Heizwärme- / Heizenergieverbrauch, in zunehmendem Maße aber auch sonstige Haustechnik zur Kühlung, Belüftung, Belichtung, etc.

2.3.1 „Atmende Wände", Sorption, Diffusion

Ein Atmen der raumumschließenden Bauteile im Sinne eines Luftaustauschs zwischen Raum- und Außenluft findet nicht statt. Ein solches Verhalten der Bauteile wäre auch unerwünscht, da hierdurch ein unkontrollierter Wärmeverlust eintreten würde und die Luftschalldämmung unzureichend wäre. Trotzdem wird immer wieder von „Atmungsaktivität" oder „Atmungsfähigkeit" gesprochen, als einer besonders günstigen Eigenschaft von Bauteilen im Hinblick auf die Verbesserung der Luftqualität im Raum. Wenn damit aber Diffusionsvorgänge gemeint sein sollten, so sind diese vernachlässigbar gering gegenüber dem Luftaustausch durch Lüftung. Poröse dampfdurchlässige Baustoffe erfordern im Querschnitt mehrschichtiger Konstruktionen besondere konstruktive Maßnahmen, um Tauwasserniederschlag und eine Durchfeuchtung der Bauteile zu vermeiden sowie ein hygienisch unbedenkliches Bewohnen zu ermöglichen.

Künzel [2.3] stellt folgenden Vergleich an:

„Die Entfeuchtungswirkung sowohl durch Dampfdiffusion als auch infolge des Luftwechsels nimmt mit sinkender Außenlufttemperatur zu.

Ein Vergleich über die Wirksamkeit der beiden Effekte (Dampfdiffusion und Luftwechsel) wird unter folgenden Annahmen durchgeführt:

Raum (4 m · 6 m · 2,6 m) mit zwei Außenwänden, bestehend aus 24 cm Hochlochziegelmauerwerk (Diffusionswiderstandszahl $\mu = 10$) mit Außen- und Innenputz.

Fensterfläche:	6 m^2
Luftwechsel:	einfach
Raumlufttemperatur:	22 °C
Raumluftfeuchte:	40 % r. F.
Außenluftfeuchte:	80 % r. F.

Unter diesen Gegebenheiten werden - abhängig von der Außenlufttemperatur - folgende Feuchtigkeitsmengen aus dem Raum abgeführt:

Tafel 2.7: Vergleich des Feuchtetransports infolge Wasserdampfdiffusion und Luftwechsel

Außenlufttemperatur °C	Aus dem Raum abgeführte Feuchtigkeitsmenge [g/h]	
	infolge Dampfdiffusion durch die Außenwand	infolge einfachem Luftwechsel (n =1)
–20	5,5	436
–10	4,8	378
0	3,2	242
+10	0,4	15

Die durch die Diffusion transportierte Feuchtigkeitsmenge beträgt somit bei winterlichen Außentemperaturen nur 1 - 3 % der durch Luftwechsel abgeführten Menge. Dabei wurden bei der Berechnung für den Diffusionseffekt günstige Verhältnisse zugrunde gelegt, nämlich zwei Außenwände und relativ dampfdurchlässiges Mauerwerk. In anderen Fällen kann der Diffusionsanteil noch geringer sein. Die Folgerung aus dieser Betrachtung ist, dass hinsichtlich einer Feuchtigkeitsabfuhr aus Räumen auf die Wirkung der Dampfdiffusion durch Außenbauteile hindurch völlig verzichtet werden kann. Die Verhältnisse der Raumluftfeuchtigkeit werden durch die Dampfdurchlässigkeit der Außenwände nicht merklich beeinflusst."

In bestimmten Fällen spielt jedoch die Fähigkeit der raumbegrenzenden Oberflächen, temporär Feuchtigkeit aufzunehmen, eine Rolle. Man spricht auch von Sorption, wobei die Feuchtigkeitsaufnahme durch poröse Materialien als Adsorption und die Feuchtigkeitsabgabe an die Raumluft als Desorption bezeichnet werden.

Sorptionsvorgänge sorgen dafür, dass sich in den Baustoffen eine bestimmte relative Feuchte – die so genannte Gleichgewichtsfeuchte – einstellt, die von der relativen Luftfeuchte und – bei mineralischen Baustoffen allerdings nur in sehr geringem Maße – von der Temperatur abhängig ist. Bei allen mineralischen Baustoffen beruhen die Sorptionsvorgänge im Wesentlichen auf Kondensation bzw. Verdunstung von Wasser auf den inneren Oberflächen kapillarporöser Baustoffe. Dementsprechend steigt die Sorptionsfähigkeit von Baustoffen mit ihrer Porosität.

Bild 2.11: Typischer Verlauf der Sorptionsisothermen mineralischer Baustoffe

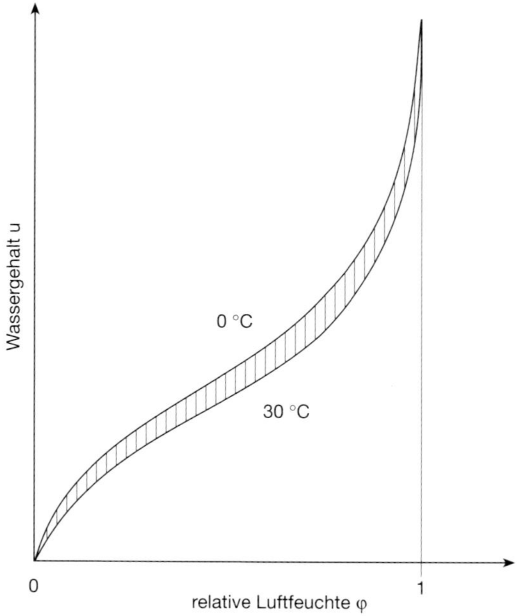

In Bild 2.11 ist der qualitative Verlauf der Sorptionsisothermen mineralischer Baustoffe für 0 °C und 30 °C dargestellt. Sie geben die sich bei bestimmter relativer Luftfeuchte im Baustoff einstellende Gleichgewichtsfeuchte an. Es zeigt sich, dass im baupraktisch interessanten Temperaturbereich das Sorptionsverhalten eines bestimmten Baustoffs mit hinreichender Genauigkeit durch Angabe einer Sorptionsisotherme beschrieben werden kann.

In Bild 2.12 sind unter anderem die Sorptionsisothermen für Normalbeton, Ziegel ($\rho = 1200\ kg/m^3$), Porenbeton und Kalk-Zement-Putz dargestellt.

Die Sorptionsfähigkeit von Baustoffen macht sich insbesondere dann bemerkbar, wenn die Raumoberflächentemperaturen die Taupunkttemperatur unterschreiten und auf den Raumoberflächen Tauwasser anfällt. Bei hoher Sorptionsfähigkeit der Baustoffe wird dieses Tauwasser absorbiert und erhöht die Baustofffeuchte. Dieser Vorgang darf jedoch nur temporär auftreten, z. B. wenn die relative Luftfeuchte von Küchen oder Bädern durch die Nutzung kurzzeitig erhöht wird (bei nahezu konstanter Lufttemperatur erhöht sich in diesen Fällen der Taupunkt). Nach Ende der Nutzung muss durch Lüften die relative Luftfeuchte verringert werden, damit die Gleichgewichtsfeuchte der Baustoffe durch Desorption wieder verringert wird. Andernfalls führt die Adsorption zu Feuchtigkeitsschäden! Man erkennt, dass die Feuchtigkeitsaufnahme durch Baustoffe an den Raumoberflächen ein

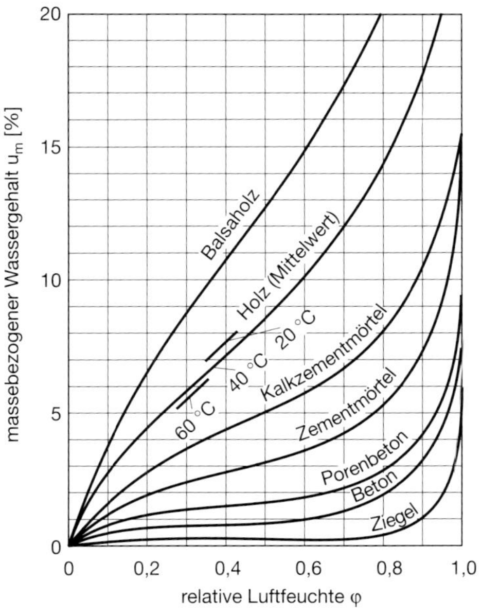

Bild 2.12: Sorptionsisothermen einiger feinporiger Baustoffe [2.2]

periodischer Vorgang ist, bei dem nur geringe Wassermengen ad- und desorbiert werden. Die Sorption spielt sich nur in oberflächennahen Bereichen ab. Bei verputzten Oberflächen besteht unabhängig vom tragenden Baustoff daher kein Unterschied im Sorptionsverhalten der Bauteile. Auch Wandbeläge, z.B. Tapeten oder Fliesen, beeinflussen die Sorptionsfähigkeit von Bauteilen in größerem Maße als die Baustoffe der tragenden Bauteile.

Lüftung

Bei der Nutzung von Räumen reichern sich zwangsläufig unerwünschte Substanzen in der Raumluft an. Quellen für diese unerwünschten Stoffe sind:

- ❐ Ausscheidungen des Menschen, vor allem Wasserdampf, Kohlendioxid, Gerüche, Krankheitskeime
- ❐ Wasserdampf und Gerüche durch Waschen, Baden, Kochen, Zimmerpflanzen
- ❐ Inhaltsstoffe von Putz-, Wasch- und Reinigungsmitteln
- ❐ Gase von Feuerstellen, wie Öfen, Herde und offene Kamine
- ❐ Gase von Inneneinrichtungen, wie Holzschutzmittel oder Formaldehyd

Je nach Nutzung der Räume und der Belegungsdichte bestimmt auch der Wasserdampfanfall den Mindestluftwechsel, um Tauwasserniederschlag an den Bauteiloberflächen zu vermeiden. Dieser sowohl hygienisch als auch bauphysikalisch begründete Mindestluftwechsel ist abhängig von Temperatur, Feuchte und Schadstoffgehalt der Außenluft, das heißt, von der Differenz der absoluten Werte zwischen Zuluft und Abluft. Tafel 2.8 zeigt, dass zur Abführung der gleichen Menge Wasserdampf die Luftwechselzahl mit steigenden Außentemperaturen zunimmt. Sie erreicht in der Übergangszeit (+10 °C) etwa das 2,5-fache des Winterwerts.

Für alle Schadstoffe gibt es Grenz- bzw. Schwellenwerte, die nicht überschritten werden dürfen, um gesundheitliche Risiken zu minimieren. In der Arbeitsmedizin gelten die sogenannten MAK-Werte (MAK = Maximale-Arbeitsplatz-Konzentration) bzw. die TRK-Werte (TRK = Technische-Richt-Konzentration).

In der Wohnhygiene interessieren besonders die MIK-Werte (MIK = Maximale-Immissions-Konzentration). Diese sind natürlich immer

Tafel 2.8: Luftwechselraten nach dem Wasserdampfmaßstab bei unterschiedlicher absoluter Feuchte h der Außenluft

	Außenluft			Raumluft			Differenz	Luftwechselrate
	θ_a	φ	h	θ_i	φ	h	Δh	n
	°C	%	g/m³	°C	%	g/m³	g/m³	h^{-1}
1	−10	80	1,64	+22	50	9,26	7,62	0,5
2	±0	80	3,70	+22	50	9,26	5,56	0,7
3	+10	70	6,27	+22	50	9,26	2,99	1,3

niedriger als die MAK-Werte, da ihre Einwirkungszeit täglich mit 24 Stunden anzunehmen ist (Tafel 2.9).

Stoff	Arbeitsplatz (MAK,TRK) ppm	Wohnung ppm
Kohlendioxid	5000	1000
Formaldehyd	1	0,1
Pentachlorphenol	0,5	0
Tetrachlorkohlenstoff	10	–
Nikotin	0,07	–

Tafel 2.9: Schwellenwerte für einige Schadstoffe

3 Nachweis des Wärmeschutzes nach EnEV und mitgeltenden Normen

3.1 Allgemeines

Die Bundesregierung hatte bereits 1990 beschlossen, die CO_2-Emissionen bis zum Jahr 2005 um 25 % bezogen auf das Jahr 1990 zu reduzieren. Daher wurde schon mit Verabschiedung der „Verordnung über einen energiesparenden Wärmeschutz bei Gebäuden (Wärmeschutzverordnung - WärmeschutzV)" [3.1] vom 16. August 1994 der politische Auftrag formuliert, bis zum Ende des Jahrzehnts eine Novellierung der Verordnung zu erarbeiten, mit dem Ziel, das Anforderungsniveau des Energiebedarfs von Neubauten um weitere 25 bis 30% zu verschärfen. Hiermit soll ein Beitrag zum Klimaschutzprogramm der internationalen Staatengemeinschaft geleistet werden, denn noch immer stellt der Energieverbrauch im Gebäudebereich mit rund einem Drittel einen erheblichen Anteil an den gesamten CO_2-Emissionen in Deutschland dar.

Dies ist mit der „Verordnung über energiesparenden Wärmeschutz und energiesparende Anlagentechnik bei Gebäuden" [3.2], im Folgenden kurz „Energieeinsparverordnung (EnEV)" genannt, zum 01.02.2002 umgesetzt worden. Im Bereich der Einfamilienhäuser werden auf der Grundlage der neuen Verordnung die Anforderungen um etwas mehr als 25 % und bei großen, kompakten Gebäuden um etwa 35 % verschärft.

3.1.1 Änderungen gegenüber der Wärmeschutzverordnung 1995

Die bisherige Betrachtung des Wärmeschutzes bei Gebäuden trennte strikt zwischen Bautechnik auf der einen und Anlagentechnik auf der anderen Seite. Die bautechnische Behandlung der Thematik erfolgte durch die Normenreihe DIN 4108 „Wärmeschutz im Hochbau" und – seit 1977 – die jeweils gültige Wärmeschutzverordnung. Parallel dazu regelten die Heizungsanlagenverordnungen den anlagentechnischen Bereich der Gebäude. Eine gesamtheitliche energetische Betrachtung des Systems „Gebäude" mit den kommunizierenden Bereichen Bautechnik und Anlagentechnik war durch diese Reglementierung nur bedingt möglich.

Mit der nunmehr vorliegenden „Verordnung über energiesparenden Wärmeschutz und energiesparende Anlagentechnik bei Gebäuden" (Energieeinsparverordnung - EnEV) wird bereits im Titel des Regelwerks der gesamtheitliche Ansatz dokumentiert. Die Verordnung folgt damit auch inhaltlich dem Weg, den das europäische Regelwerk geht. Bereits mit der 1998 veröffentlichten DIN EN 832 „Wärmetechnisches Verhalten von Gebäuden – Berechnung des Heizenergiebedarfs – Wohngebäude" [3.3] wurde auf europäischer Ebene die Schnittstelle der beiden energetisch relevanten Bereiche besetzt.

Die EnEV stützt sich in ihrer Vorgehensweise weitestgehend auf die Inhalte des nationalen Anwendungsdokuments der DIN EN 832, der

DIN V 4108-6 „Wärmeschutz und Energie-Einsparung in Gebäuden, Teil 6: Berechnung des Jahresheizwärme- und des Jahresheizenergiebedarfs“ [3.4]. In diesem Regelwerk wird direkt auf die EnEV Bezug genommen, indem in ihrem Anhang D die Berechnungsansätze und Randbedingungen für den öffentlich-rechtlichen Nachweis festgelegt sind. Hierbei stehen ein vereinfachtes Heizperiodenbilanzverfahren und das Monatsbilanzverfahren zur Verfügung.

Die für die Nachweisführung erforderlichen anlagenspezifischen Kennwerte findet der Anwender in DIN V 4701-10 „Energetische Bewertung heiz- und raumlufttechnischer Anlagen, Teil 10: Heizung, Trinkwassererwärmung, Lüftung“ [3.5].

Gegenüber der Wärmeschutzverordnung 1995 ergeben sich zusammenfassend in der energetischen Nachweisführung folgende maßgebliche Änderungen:

- Gesamtheitliche Betrachtung von baulichem und anlagentechnischem Wärmeschutz,
- Wegfall des Bauteilverfahrens als Nachweisverfahren für zu errichtende Gebäude,
- Möglichkeit der detaillierteren Berücksichtigung von Wärmebrücken,
- Bezug der energetischen Gebäudequalität auf den Heizenergiebedarf und auf den Primärenergiebedarf und
- Umstellung von Bezeichnungen und Formelzeichen auf das europäische Regelwerk

Es ergibt sich eine gewisse Flexibilität für die Planung, indem weniger leistungsfähige Heizungssysteme durch optimierten baulichen Wärmeschutz kompensiert werden können; ebenso kann eine leistungsfähige Heizungsanlage Nachteile im baulichen Wärmeschutz in gewissen Grenzen ausgleichen. Durch eine Nebenforderung an den spezifischen, auf die wärmeübertragende Umfassungsfläche bezogenen Transmissionswärmeverlust H_T’ wird aber sichergestellt, dass der bauliche Wärmeschutz – unabhängig von der gewählten Anlagentechnik – den bisher erreichten Wärmeschutz nach der Wärmeschutzverordnung nicht unterschreitet. Die Anforderungen des Mindestwärmeschutzes nach den anerkannten Regeln der Technik (z.B. DIN 4108-2) müssen beachtet werden.

3.1.2 Geltungsbereich der Energieeinsparverordnung

Der Geltungsbereich der Energieeinsparverordnung umfasst Gebäude mit normalen Innentemperaturen und Gebäude mit niedrigen Innentemperaturen, einschließlich ihrer Heizungsanlagen, ihrer raumlufttechnischen Anlagen und der Anlagen, die der Warmwasserbereitung dienen.

Im Wortlaut der Verordnung sind *Gebäude mit normalen Innentemperaturen* solche Gebäude, die nach ihrem Verwendungszweck

- auf eine Temperatur von mehr als 19 °C und
- jährlich mehr als vier Monate

beheizt werden. Dies sind zum Beispiel Wohnhäuser, Bürogebäude, Hotels, Schulen, Krankenhäuser usw.

Unter *Gebäuden mit niedrigen Innentemperaturen* versteht die Verordnung Gebäude, die nach ihrem Verwendungszweck

- auf eine Temperatur von mehr als 12 °C und weniger als 19 °C und ebenfalls
- jährlich mehr als vier Monate

beheizt werden. Dies können zum Beispiel bestimmte Betriebsstätten, Versammlungsstätten, Sportstätten oder ähnliche sein.

Ausgenommen von den Bestimmungen der Energieeinsparverordnung sind

- Betriebsgebäude zur Haltung und Aufzucht von Tieren,
- Betriebsgebäude, die entsprechend ihres Verwendungszwecks großflächig und langanhaltend offengehalten werden müssen,
- unterirdische Bauten,
- Unterglasanlagen und Kulturräume für Zucht und Verkauf von Pflanzen (Treibhäuser) und
- Traglufthallen, Zelte und sonstige Gebäude, die dazu bestimmt sind, wiederholt aufgestellt und zerlegt zu werden (fliegende Bauten).

Darüber hinaus stellt die Energieeinsparverordnung Anforderungen an bestehende Gebäude, wenn Änderungen an Außenbauteilen oder der Anlagentechnik vorgenommen werden bzw. in begrenztem Umfang durch Nachrüstungsverpflichtungen für Anlagen und Gebäudeteile.

3.1.3 Nachweisziele der Energieeinsparverordnung

Die Energieeinsparverordnung unterscheidet hinsichtlich ihrer energetischen Nachweisziele in zu errichtende Gebäude, bestehende Gebäude und Anlagen.

Bei zu errichtenden Gebäuden mit normalen Innentemperaturen sind der spezifische, auf die wärmeübertragende Umfassungsfläche bezogene Transmissionswärmeverlust sowie der Jahres-Primärenergiebedarf zu begrenzen. Dabei ist der Jahres-Primärenergiebedarf bei Wohngebäuden auf die Gebäudenutzfläche und bei anderen Gebäuden auf das beheizte Gebäudevolumen zu beziehen. Die Nachweise sind hierbei nach dem Monatsbilanzverfahren gemäß DIN EN 832 [3.3] und den in DIN V 4108-6 [3.4] gegebenen Randbedingungen und Vereinfachungen zu führen. Für Wohngebäude mit einem Fensterflächenanteil von bis zu

30 % darf wahlweise auch das vereinfachte Heizperiodenbilanzverfahren angewendet werden.

Für zu errichtende Gebäude mit niedrigen Innentemperaturen wird auf eine Begrenzung des Primärenergiebedarfs oder des Heizenergiebedarfs verzichtet. Die Energieeinsparverordnung stellt lediglich Anforderungen an die Begrenzung des Transmissionswärmeverlustes der wärmeübertragenden Umfassungsfläche.

Bei Neubauten mit geringem beheiztem Gebäudevolumen – unter 100 m^3 – werden, außer den Nebenanforderungen zur Inbetriebnahme und Begrenzung der Wärmeabgabe von heizungstechnischen Anlagen und Warmwasseranlagen, lediglich Anforderungen an den Wärmedurchgangskoeffizienten U in der Art gestellt, wie sie für Änderungen an bestehenden Gebäuden vorgeschrieben werden (siehe Kapitel 3.4).

3.1.4 Hygienisch bedingter (winterlicher) Mindestwärmeschutz

Durch Mindestanforderungen an den Wärmeschutz der Bauteile im Winter nach DIN 4108-2 [3.6] in Verbindung mit den erforderlichen Maßnahmen des klimabedingten Feuchteschutzes nach Teil 3 der DIN 4108 [3.7] (siehe Kapitel 4) wird den Bewohnern von Gebäuden eine hygienisch einwandfreie Lebensweise ermöglicht sowie ein dauerhafter Schutz der Baukonstruktionen gegen klimabedingte Feuchteeinwirkungen sichergestellt. Hierbei wird vorausgesetzt, dass die Räume entsprechend ihrer Nutzung ausreichend beheizt und belüftet werden. Letzteres ist in der Regel der Fall, wenn während der Heizperiode ein durchschnittlicher Luftwechsel von 0,5 h^{-1} sichergestellt wird. Die Anforderungen der DIN 4108-2 an den Mindestwärmeschutz können normalerweise mit Erfüllung der Energieeinsparverordnung sichergestellt werden.

Für Aufenthaltsräume in Hochbauten, die ihrer Bestimmung nach auf übliche Innentemperaturen (≥ 19 °C) beheizt werden und deren Einzelbauteile eine flächenbezogene Gesamtmasse von mindestens 100 kg/m^2 aufweisen, legt die DIN 4108-2 die in der Tafel 3.1 wiedergegebenen Grenzwerte für den Wärmedurchlasswiderstand der einzelnen Bauteile fest.

Für Außenwände, Decken unter nicht ausgebauten Dachräumen und Dächern mit einer flächenbezogenen Gesamtmasse unter 100 kg/m^2 gelten mit einem Mindestwert des Wärmedurchlasswiderstandes von $R \geq 1{,}75\ m^2 \cdot K/W$ höhere Anforderungen an den Mindestwärmeschutz. Bei Rahmen- und Skelettbauteilen gilt dieser Wert nur für den Gefachebereich, wobei im Mittel für diese Bauteile ein Wärmedurchlasswiderstand von $R \geq 1{,}0\ m^2 \cdot K/W$ erreicht werden muss. Für den Deckel von Rollladenkästen ist der Wert von $R \geq 0{,}55\ m^2 \cdot K/W$ einzuhalten.

Tafel 3.1: Mindestwerte für Wärmedurchlasswiderstände von Bauteilen [3.6]

Zeile	Bauteile		Wärmedurchlass-widerstand R $[m^2 \cdot K/W]$
1	Außenwände; Wände von Aufenthaltsräumen gegen Bodenräume, Durchfahrten, offene Hausflure, Garagen, Erdreich		1,2[1)]
2	Wände zwischen fremdgenutzten Räumen; Wohnungstrennwände		0,07
3	Treppenraumwände	zu Treppenräumen mit wesentlich niedrigeren Innentemperaturen (z. B. indirekt beheizte Treppenräume); Innentemperatur $\theta_i \leq 10°C$, aber Treppenraum mindestens frostfrei	0,25
4		zu Treppenräumen mit Innentemperaturen $\theta_i > 10$ °C (z. B. Verwaltungsgebäude, Geschäftshäuser, Unterrichtsgebäude, Hotels, Gaststätten und Wohngebäude)	0,07
5	Wohnungstrenndecken, Decken zwischen fremden Arbeitsräumen; Decken unter Räumen zwischen gedämmten Dachschrägen und Abseitenwänden bei ausgebauten Dachräumen	allgemein	0,35
6		in zentralbeheizten Bürogebäuden	0,17
7	Unterer Abschluss nicht unterkellerter Aufenthaltsräume	unmittelbar an das Erdreich bis zu einer Raumtiefe von 5 m	0,90
8		über einen nicht belüfteten Hohlraum an das Erdreich grenzend	
9	Decken unter nicht ausgebauten Dachräumen; Decken unter bekriechbaren oder noch niedrigeren Räumen; Decken unter belüfteten Räumen zwischen Dachschrägen und Abseitenwänden bei ausgebauten Dachräumen, wärmegedämmte Dachschrägen		
10	Kellerdecken; Decke gegen abgeschlossene, unbeheizte Hausflure u. ä.		
11 / 11.1	Decken (auch Dächer), die Aufenthaltsräume gegen die Außenluft abgrenzen	nach unten, gegen Garagen (auch beheizte), Durchfahrten (auch verschließbare) und belüftete Kriechkeller[2)]	1,75
11 / 11.2		nach oben, z. B. Dächer nach DIN 18530, Dächer und Decken unter Terrassen; Umkehrdächer[3)]	1,2

Für Gebäude mit niedrigen Innentemperaturen gelten ebenfalls die Werte der Tafel 3.1. Der Mindestwert des Wärmedurchlasswiderstands für Bauteile nach Zeile 1 (z.B. Außenwände) darf jedoch abweichend von der Tafel auf R = 0,55 $m^2 \cdot K/W$ abgemindert werden.

Der Mindestwärmeschutz muss für alle betroffenen Bauteile an jeder Stelle gewährleistet sein. Hierzu zählen u.a. auch Nischen, Brüstungen und Fensterstürze.

Zur Vermeidung extrem niedriger Innenoberflächen-Temperaturen mit der Gefahr einer Schimmelpilzbildung in beheizten Räumen kommt konstruktiven, materialbedingten und formbedingten Wärmebrücken eine besondere Bedeutung zu. Diese sind nachweislich so zu dämmen, dass – mit Ausnahme des Fensterbereiches – unter den in DIN 4108-2 angegebenen Randbedingungen die raumseitige Oberflächentemperatur nicht unter 12,6 °C sinkt. Wärmebrücken, die beispielhaft in Beiblatt 2 zu DIN 4108 [3.8] aufgeführt sind, gelten als ausreichend wärmegedämmt. Hierfür, wie auch für Ecken von Außenbauteilen mit gleichartigem Aufbau, deren Einzelkomponenten die Anforderungen der Tafel 3.1 erfüllen, ist kein entsprechender Nachweis zu führen.

3.1.5 Mindestanforderungen an den sommerlichen Wärmeschutz

3.1.5.1 Erfordernis der Nachweisführung

Mindestanforderungen an den baulichen Wärmeschutz im Sommer sollen ein behagliches Raumklima erzielen, einer hohen Erwärmung der Aufenthaltsräume infolge sommerlicher Wärmeentwicklung entgegenwirken sowie die Notwendigkeit einer Kühlung von Aufenthaltsräumen vermeiden.
Grundsätzlich ist der sommerliche Wärmeeintrag abhängig vom Standort des Gebäudes, vom Gesamtenergiedurchlassgrad der Fenster und festen Verglasungen, ihrem Sonnenschutz, ihrem Anteil an der Fläche der Außenbauteile, ihrer Orientierung nach der Himmelsrichtung und ihrer Neigung in Dachschrägen, von den internen Wärmegewinnen und der Lüftung in den Räumen, von den Wärmeleiteigenschaften der nicht transparenten Außenbauteile bei instationären Randbedingungen (tageszeitlicher Temperaturgang und Sonneneinstrahlung) sowie der Wärmespeicherfähigkeit angrenzender Bauteile. Bei letztgenanntem ist die Erwärmung der Räume umso geringer, je größer die speicherfähige Masse der Bauteile ist, die mit der Raumluft in Verbindung stehen. Wirksam sind dabei nur Bauteilschichten raumseits vor Wärmedämmschichten.

---

[1] Für Gebäude mit niedrigen Innentemperaturen 0,55 $m^2 \cdot K/W$.
[2] Erhöhter Wärmedurchlasswiderstand wegen Fußkälte.
[3] Für Umkehrdächer ist der berechnete Wärmedurchgangskoeffizient U mit Korrekturwerten nach DIN EN ISO 6946, Tabelle 4 zu berechnen.

Aus Gründen der „Vereinfachung und wirtschaftlichen Vertretbarkeit“ beschränkt die *Energieeinsparverordnung (EnEV)* ihre Anforderungen hinsichtlich des energiesparenden Wärmeschutzes im Sommer lediglich auf Neubauten mit normalen Innentemperaturen, deren Fensterflächenanteil (f) 30 % nicht übersteigt. Die EnEV bezieht hierbei den Fensterflächenanteil auf die gesamte Außenwandfläche. Dieser berechnet sich aus der Fläche aller Fenster (lichte Rohbaumaße) bezogen auf die Gesamtfläche der Außenwände und ggf. des Dachs (Außenmaße).

$$f = \frac{A_W}{A_W + A_{AW}} \qquad \text{(Gl. 3.1)}$$

Hierbei sind:

- ❐ A_W: Fläche der Fenster
- ❐ A_{AW}: Fläche der Außenwände

Wird das Dachgeschoss beheizt, werden auch Dachfenster und Dachschrägen mit einbezogen. Beträgt der so ermittelte Fensterflächenanteil f mehr als 30 %, verweist die Verordnung auf Berechnungsverfahren zur Begrenzung der Sonneneintragskennwerte nach DIN 4108-2 [3.6]. Ergänzende Regeln gelten nach Energieeinsparverordnung in Einzelfällen für Nicht-Wohngebäude hinsichtlich einer möglichen sommerlichen Kühllast. Sonneneintragskennwerte sind hierbei durch entsprechende bauliche Maßnahmen (z.B. Sonnenschutzvorrichtungen oder -verglasungen) gering zu halten.

Im Gegensatz zur EnEV wird nach *DIN 4108-2 bzw. E DIN 4108-2/A1 [3.6A]* der Fensterflächenanteil, ab dem eine Nachweisführung erforderlich wird, raumbezogen bzw. raumbereichsbezogen bestimmt. Dieser Fensterflächenanteil f_{AG} ergibt sich aus dem Verhältnis der Fensterfläche (lichte Rohbaumaße) zu der Nettogrundfläche des zugehörigen Raumes bzw. Raumbereiches.

$$f_{AG} = \frac{A_W}{A_G} \qquad \text{(Gl. 3.2)}$$

Die Nettogrundfläche A_G wird mit Hilfe der lichten Raummaße bestimmt, wobei die größte anzusetzende Raumtiefe durch den dreifachen Wert der lichten Raumhöhe begrenzt wird (sechsfacher Wert bei gegenüberliegenden Fassaden in einem Raum). Ist bei sehr tiefen Räumen der Fassadenabstand größer als die sechsfache lichte Raumhöhe, muss der Nachweis für die beiden der jeweiligen sich ergebenden fassadenorientierten Raumbereiche separat durchgeführt werden.

E DIN 4108-2/A1 stellt bereits Mindestanforderungen an den sommerlichen Wärmeschutz für Aufenthaltsräume im Hochbau mit Fensterflächenanteilen f_{AG} ab 7 %, 10 % oder 15 % (je nach Orientierung und

Neigung) bezogen auf die jeweils betrachtete Grundfläche eines Raumes oder Raumbereiches.

Da neben der Energieeinsparverordnung, die ihre Anforderungen lediglich aus Gründen der Energieeinsparung formuliert, selbstverständlich die Normen der Reihe DIN 4108 beachtet werden müssen, ist bei Aufenthaltsräumen im Hochbau mit normalen Innentemperaturen ein Nachweis des sommerlichen Wärmeschutzes bereits dann zu führen, wenn die zulässigen Werte der Fensterflächenanteile f_{AG} nach DIN 4108-2 aus Tafel 3.2 überschritten werden. Bei Ein- und Zweifamilienhäusern, deren ost-, süd- und westorientierte Fenster mit außenliegenden Sonnenschutzvorrichtungen mit einem Abminderungsfaktor von $F_C \leq 0{,}3$ ausgestattet sind (siehe Tafel 3.3, z.B. Rollläden), kann auf einen Nachweis verzichtet werden.

Neigung der Fenster gegenüber der Horizontalen	Orientierung der Fenster	Grundflächenbezogener Fensterflächenanteil f_{AG}
über 60° bis 90°	Nord-West über Süd bis Nord-Ost	10 %
	alle anderen Nord-Orientierungen	15 %
von 0° bis 60°	alle Orientierungen	7 %

Anm.: Sind beim betrachteten Raum mehrere Orientierungen mit Fenstern vorhanden, ist der kleinere Grenzwert für f_{AG} bestimmend. f_{AG} ist hierbei aus der Summe aller Fensterflächen zur Grundfläche zu berechnen.

Tafel 3.2: Grundflächenbezogener Fensterflächenanteil von Räumen und Raumbereichen, unterhalb dessen auf einen sommerlichen Wärmeschutznachweis verzichtet werden kann [3.6A]

3.1.5.2 Vereinfachtes Verfahren nach DIN 4108-2 mittels Sonneneintragskennwerten

Für Räume, für die ein Nachweis des sommerlichen Wärmeschutzes erforderlich ist, beschreibt die DIN 4108-2 ein vereinfachtes Verfahren, durch das Sonneneintragskennwerte ermittelt werden. Der Sonneneintragskennwert stellt dabei eine rechnerisch ermittelte Größe zur Bewertung des Sonnenenergie-Eintrags von transparenten Außenbauteilen im Hinblick auf die Vermeidung von Überhitzung im Sommer dar und darf in einem Nachweisverfahren einen Höchstwert nicht überschreiten. In Gebäuden, die danach ausgeführt sind, werden die sommerlichen Raumtemperaturen im Regelfall das erträgliche Maß auch ohne Klimatisierung nicht überschreiten.

Anwendungsbereiche

Der Nachweis für die Begrenzung der solaren Wärmeeinträge ist für „kritische" Räume bzw. Raumbereiche an der Außenfassade, die der Sonneneinstrahlung besonders ausgesetzt sind, durchzuführen. Auch bei

Verwendung einer Raumkühlung sind die Sonneneintragskennwerte – soweit unter Ausschöpfung aller baulichen Möglichkeiten machbar – einzuhalten.

Auf Gebäude mit niedrigen Innentemperaturen sollte das beschriebene Verfahren sinngemäß angewendet werden.

Bezüglich der Soll-Raumtemperaturen, Klimazonen, Luftwechselraten im Sommer, internen Wärmegewinne, Nettogrundflächen und Raumtiefen sowie Fensterrahmenanteile werden vereinfachend einheitliche Randbedingungen zugrunde gelegt. Dieser vereinfachte Nachweis mit dem Verfahren nach DIN 4108-2 kann daher nicht für Räume, die über Wintergärten belüftet werden, für Doppelfassaden oder Transparente Wärmedämmung (TWD) geführt werden. Hierzu sind genauere, ingenieurmäßige Berechnungsverfahren einzusetzen. Die Anwendung genauerer Verfahren ist generell zulässig.

Auch wenn unbeheizte Glasvorbauten, über die ein beheizter Raum belüftet wird, nicht mit dem vereinfachten Verfahren erfasst werden, so gelten für diese Glasvorbauten weitere Anforderungen an Sonnenschutz- und Lüftungseinrichtungen (siehe [3.6 A]).

Bestimmung des Sonneneintragskennwertes

Der sommerliche Wärmeeintrag wird durch die Sonneneintragskennwerte transparenter Außenbauteile beschrieben. Diese werden im vereinfachten Nachweisverfahren von folgenden Größen abgeleitet:

- ❐ Wirksamkeit von Sonnenschutzvorrichtungen
- ❐ Verhältnis Fensterfläche zu Grundfläche des Raumes
- ❐ Gesamtenergiedurchlassgrad der Verglasung

Aus diesen drei Einflussgrößen berechnet sich der Sonneneintragskennwert S für den zu untersuchenden Raum oder Raumbereich wie folgt:

$$S = \frac{\sum_J (A_{w,j} \cdot g_{total,j})}{A_G} \qquad \text{(Gl. 3.3)}$$

Hierbei sind

- ❐ A_W die zugehörigen Fensterflächen des betrachteten Raums, ermittelt nach den Maßen der lichten Rohbauöffnungen,
- ❐ g_{total} der Gesamtenergiedurchlassgrad der einzelnen Verglasungen j einschließlich eines möglichen Sonnenschutzes und,
- ❐ A_G die zugehörige Nettogrundfläche des Raums bzw. bei tiefen Räumen des Raumbereichs.

Es wird über alle Fenster j eines Raums oder Raumbereichs aufsummiert.

Der Einfluss eines fest installierten Sonnenschutzes oder von Verschattungen auf den Wärmeeintrag einer Verglasung kann vereinfachend durch Abminderungsfaktoren F_C erfasst werden, womit sich g_{total} errechnet zu:

$$g_{total} = g \cdot F_C \qquad \text{(Gl. 3.4)}$$

Hierbei sind

- ❒ g der Gesamtenergiedurchlassgrad der Verglasung und
- ❒ F_C der Abminderungsfaktor für Sonnenschutzvorrichtungen gemäß Tafel 3.3 bzw. zugesicherten Herstellerangaben.

Anhaltswerte für den Gesamtenergiedurchlassgrad der Verglasung können der Tafel 3.16 (Kapitel 3.2.2.4.) oder technischen Produktinformationen entnommen werden. Der Gesamtenergiedurchlassgrad g ermittelt sich aus dem Produkt $0{,}9 \cdot g_{\perp}$ und berücksichtigt hierbei die Abweichung von der senkrechten Einstrahlung.

Anforderungen und Nachweisführung

Zum Nachweis eines ausreichenden sommerlichen Wärmeschutzes darf der ermittelte Sonneneintragskennwert S den zulässigen Sonneneintragskennwert S_{zul} nach Gleichung Gl. 3.5 nicht überschreiten.

$$S \leq S_{zul} = \sum S_x \qquad \text{(Gl. 3.5)}$$

Der zulässige Höchstwert des Sonneneintragskennwerts S_{zul} wird als Summe der anteiligen Sonneneintragskennwerte S_x ermittelt. Die anteiligen Sonneneintragskennwerte S_x zur Ermittlung von S_{zul} sind in der Tafel 3.5 tabellarisch zusammengestellt. So werden auf den sommerlichen Wärmeeintrag günstig wie auch ungünstig wirkende Faktoren berücksichtigt und der zulässige Höchstwert des Sonneneintragskennwertes entsprechend angepasst. Den Wärmeeintrag begünstigende Fenster mit einer flachen Neigung gegen die Horizontale (unter 60°), Dachflächenfenster z.B., werden mit einem Abschlag versehen ($-0{,}12 \cdot A_{W,neig}/A_G$), so dass sich der zulässige Sonneneintragskennwert vermindert. Eine Sonnenschutzverglasung oder auch eine schwere Bauart wirken einer sommerlichen Überhitzung entgegen und lassen jeweils einen höheren Sonneneintragskennwert zu. Der begünstigende Einfluss massiver Bauweisen auf den sommerlichen Wärmeschutz kommt hierbei besonders zum Ausdruck.

In den zulässigen Höchstwert des Sonneneintragskennwerts S_{zul} fließen zusammengefasst folgende Einflüsse ein:

- ❒ unterschiedliche Klimaregionen (siehe nachstehender Abschnitt)
- ❒ erhöhte Nachtlüftungen (insbesondere bei Ein- und Zweifamilienhäusern)
- ❒ Sonnenschutzverglasungen
- ❒ (ungünstige) Fensterneigungen
- ❒ (günstige) Fensterorientierungen.
- ❒ Bauarten (leicht, mittel und schwer)

Tafel 3.3: Anhaltswerte für Abminderungsfaktoren F_C von fest installierten Sonnenschutzvorrichtungen [3.6A]

Sonnenschutzvorrichtung[1]	F_C
ohne Sonnenschutzvorrichtung	1,0
innenliegend oder zwischen den Scheiben:[2]	
weiß oder reflektierende Oberfläche mit geringer Transparenz	0,75
helle Farben oder geringe Transparenz[2]	0,8
dunkle Farbe oder höhere Transparenz	0,9
außenliegend:	
drehbare Lamellen, hinterlüftet	0,25
Jalousien und Stoffe mit geringer Transparenz, hinterlüftet[3]	0,25
Jalousien, allgemein	0,4
Rollläden, Fensterläden	0,3
Vordächer, Loggien, freistehende Lamellen[4]	0,5
Markisen[4], oben und seitlich ventiliert	0,4
Markisen[4], allgemein	0,5

1) Die Sonnenschutzvorrichtung muss fest installiert sein. Übliche dekorative Vorhänge gelten nicht als Sonnenschutzvorrichtung.

2) Für innen und zwischen den Scheiben liegende Sonnenschutzvorrichtungen ist eine genaue Ermittlung zu empfehlen, da sich erheblich günstigere Werte ergeben können.

3) Eine Transparenz der Sonnenschutzvorrichtung unter 15 % gilt als gering.

4) Dabei muss näherungsweise sichergestellt sein, dass keine direkte Besonnung des Fensters erfolgt. Dies ist der Fall, wenn
- bei Südorientierung der Abdeckwinkel $\beta \geq 50°$ ist;
- bei Ost- oder Westorientierung der Abdeckwinkel $\beta \geq 85°$ oder $\gamma \geq 115°$ ist.

Zu den jeweiligen Orientierungen gehören Winkelbereiche von ± 22,5°. Bei Zwischenorientierungen ist der Abdeckwinkel $\beta \geq 80°$ erforderlich.

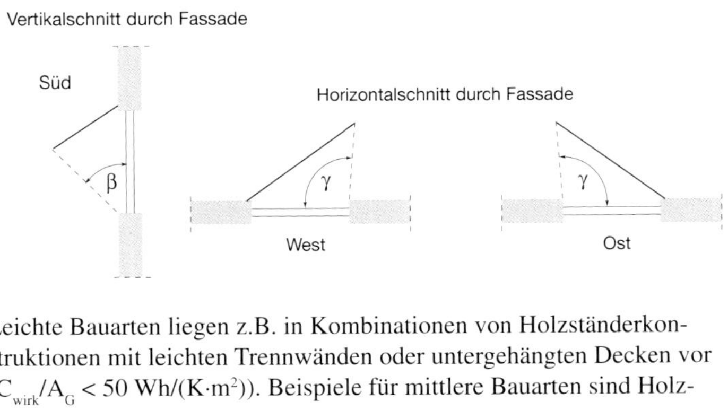

Leichte Bauarten liegen z.B. in Kombinationen von Holzständerkonstruktionen mit leichten Trennwänden oder untergehängten Decken vor ($C_{wirk}/A_G < 50$ Wh/(K·m²)). Beispiele für mittlere Bauarten sind Holzständerkonstruktionen oder Konstruktionen mit leichten Trennwänden oder untergehängten Decken ($50\ Wh/(K \cdot m^2) \leq C_{wirk}/A_G \leq 130\ Wh/(K \cdot m^2)$). Massivkonstruktionen zählen in der Regel zu den schweren Bauarten ($C_{wirk}/A_G > 130\ Wh/(K \cdot m^2)$). Sollte die wirksame Speicherfähigkeit C_{wirk} nach DIN V 4108-6 [3.4] berechnet werden, um die Bauart exakter zuzuordnen, finden sich hierzu Hinweise in den Fußnoten der Tafel 3.5 und im Kapitel 3.2.3.2 (Ausnutzungsgrad, Gl. 3.47 bis Gl. 3.49). Zur Bestimmung des anteiligen Sonneneintragskennwertes S_x für die Bauart wird das gewichtete Verhältnis von Außenwand-, Dach- und Fensterflächen zur Grundfläche des Raumes durch den Faktor f_{gew} berücksichtigt (siehe Tafel 3.5).

Sommer-Klimaregionen

Um regionale Unterschiede zu berücksichtigen, wird zum Nachweis des sommerlichen Wärmeschutzes nach DIN 4108-2 für das Gebiet Deutschlands eine Einteilung in drei Sommer-Klimaregionen A, B und C vorgenommen (Tafel 3.4), die aus den Höchstwerten der mittleren monatlichen Außentemperaturen abgeleitet werden. Den Sommer-Klimaregionen sind Grenzwerte der Innentemperaturen zugeordnet, die an nicht mehr als 10 % der Aufenthaltszeiten in beheizten Gebäuden überschritten werden sollen.

Sommer-Klimaregion	Merkmal der Region	Grenzwert der Innentemperatur [°C]	Höchstwert der mittleren monatlichen Außentemperaturen [°C]
A	sommerkühl	25	$\theta \leq 16{,}5$
B	gemäßigt	26	$16{,}5 < \theta < 18$
C	sommerheiß	27	$\theta \geq 18$

Tafel 3.4: Sommer-Klimaregionen mit zugrundegelegten Höchstwerten der mittleren monatlichen Außentemperaturen und zugeordneten Grenzwerten der Innentemperaturen

Eine unterschiedliche Festlegung der Grenzwerte der Innentemperaturen für unterschiedliche Regionen ist wegen der Adaption des Menschen an das jeweilige Klima gerechtfertigt. Würden in allen Regionen dieselben Anforderungen an das sommerliche Raumklima gestellt, könnten in den wärmeren Regionen keine für die Tageslichtbeleuchtung ausreichenden Fenstergrößen zugelassen werden.

Welche der 15 Regionen bzw. Referenzorte welcher Sommer-Klimaregion zuzuordnen sind, ist Bild 3.1 zu entnehmen. Es zeigt eine grafische Darstellung der Ausdehnung dieser Regionen mit entsprechender farblicher Kennzeichnung.

Tafel 3.5: Anteilige Sonneneintragskennwerte S_x zur Bestimmung des Höchstwerts des Sonneneintragskennwerts [3.6A]

Gebäudelage bzw. Bauart, Fensterneigung und Orientierung	Anteiliger Sonneneintragskennwert S_x
Klimaregion[1)]:	
Gebäude in Klimaregion A	0,04
Gebäude in Klimaregion B	0,03
Gebäude in Klimaregion C	0,015
Bauart[2)]:	
leichte Bauart: ohne Nachweis von C_{wirk}/A_G	0,06 f_{gew} [3)]
mittlere Bauart: 50 Wh/(K·m²) ≤ C_{wirk}/A_G ≤ 130 Wh/(K·m²)	0,10 f_{gew} [3)]
schwere Bauart: C_{wirk}/A_G > 130 Wh/(K·m²)	0,115 f_{gew} [3)]
erhöhte Nachtlüftung[4)] während der zweiten Nachthälfte ($n \geq 1{,}5\ h^{-1}$)	
bei leichter[2)] und mittlerer[2)] Bauart	+ 0,02
bei schwerer Bauart[2)]	+ 0,03
Sonnenschutzverglasung[5)] mit g ≤ 0,4[3)]	+ 0,03
Fensterneigung: 0° ≤ Neigung ≤ 60° (gegenüber der Horizontalen)	$-0{,}12 \cdot f_{neig}$ [6)]
Orientierung: Nord-, Nordost- und Nordwest-orientierte Fenster, soweit die Neigung gegenüber der Horizontalen > 60° ist, sowie Fenster, die dauernd vom Gebäude selbst verschattet sind.	$+0{,}10 \cdot f_{nord}$ [7)]

1) Siehe Abschnitt „Sommer-Klimaregionen", S. 57.

2) Im Zweifelsfall kann nach DIN V 4108-6 die wirksame Wärmespeicherfähigkeit bestimmt werden, um die Bauart einzuordnen; dabei ist folgende Einstufung vorzunehmen:
Leichte Bauart liegt vor, wenn C_{wirk} / A_G < 50 Wh/(K·m²)
mit C_{wirk} wirksame Wärmespeicherfähigkeit
A_G Nettogrundfläche
Mittlere Bauart liegt vor, wenn 50 Wh/(K·m²) ≤ C_{wirk} / A_G ≤ 130 Wh/(K·m²)
Schwere Bauart liegt vor, wenn C_{wirk} / A_G > 130 Wh/(K·m²)

3) $f_{gew} = (A_W + 0{,}3 \cdot A_{AW} + 0{,}1 \cdot A_D) / A_G$

mit f_{gew} gewichtete Außenflächen bezogen auf die Nettogrundfläche; die Gewichtsfaktoren berücksichtigen die Relation zwischen dem sommerlichen Wärmedurchgang üblicher Außenbauteile

A_W Fensterfläche (einschließlich Dachfenster)
A_{AW} Außenwandfläche (Außenmaße)
A_D wärmeübertragende Dach- oder Deckenfläche nach oben oder unten gegen Außenluft, Erdreich und unbeheizte Dach- und Kellerräume (Außenmaße)
A_G Nettogrundfläche (lichte Maße).

4) Bei Ein- und Zweifamilienhäusern kann in der Regel von einer erhöhten Nachtlüftung ausgegangen werden.

5) Als gleichwertige Maßnahme gilt eine Sonnenschutzvorrichtung, die die diffuse Strahlung permanent reduziert und deren $g_{total} < 0{,}4$ erreicht.

6) $f_{neig} = A_{W,neig} / A_G$
mit $A_{W,neig}$ geneigte Fensterfläche und
A_G Nettogrundfläche

7) $f_{nord} = A_{W,nord} / A_{W,gesamt}$
mit $A_{W,nord}$ Nord-, Nordost- und Nordwest-orientierte Fensterfläche, soweit die Neigung gegenüber der Horizontalen > 60° ist, sowie Fensterflächen, die dauernd vo nGebäude selbst verschattet sind.
$A_{W,gesamt}$ gesamte Fensterfläche.

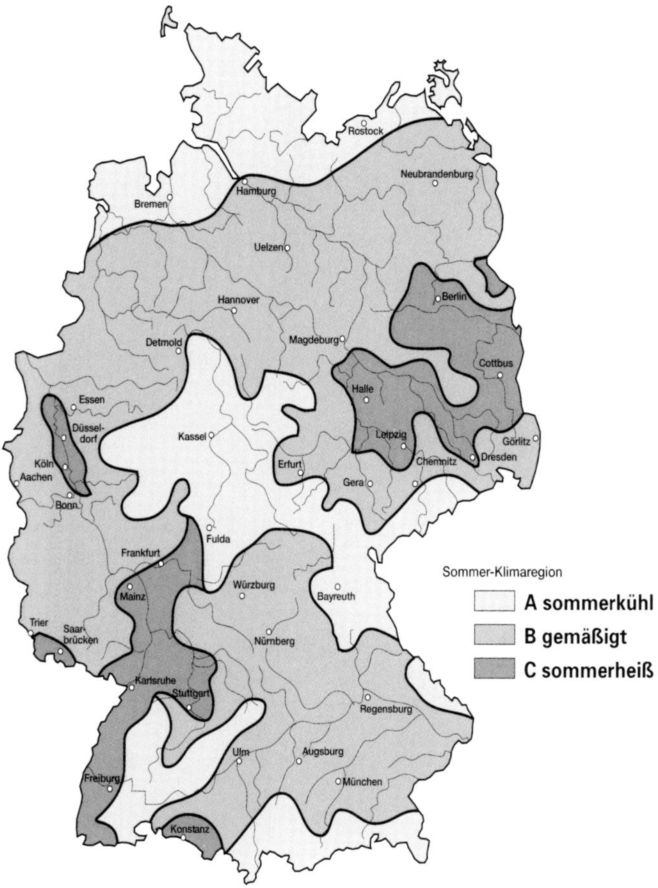

Bild 3.1: Darstellung der Ausdehnung der einzelnen Sommer-Klimaregionen mit entsprechender farblicher Zuordnung

(erstellt von Prof. Thomas Ackermann, FH Bielefeld)

Beispiel
Zur Veranschaulichung der Nachweisführung nach DIN 4108-2 bzw. E DIN 4108-2/A1 soll als einfaches Beispiel das in Kapitel 3.1.10 dargestellte Beispielgebäude hinsichtlich des sommerlichen Wärmeschutzes überprüft werden. Die Abgrenzung vom Erdgeschoss zum Obergeschoss wird mit 2,50 m Deckenhöhe des Erdgeschosses angenommen – vereinfachend ohne weitere Berücksichtigung der Deckenstärke (lichte Raumhöhe 2,50 m). Weitere Annahmen zur Raumaufteilung: Das Obergeschoss ist giebelparallel in zwei gleich große Räume (Ost und West) aufgeteilt. Das Erdgeschoss wird vereinfachend traufenparallel in zwei Räume (Nordhälfte und Südhälfte) unterteilt. Die Haustür wird als nicht transparent, die Bauart als „schwer" angenommen. Zur Ermittlung der inneren Flächenmaße wird von einer Außenwanddicke von 30 cm und einer Innenwanddicke von 15 cm ausgegangen.

Bild 3.2: Beispielgebäude (Skizze)

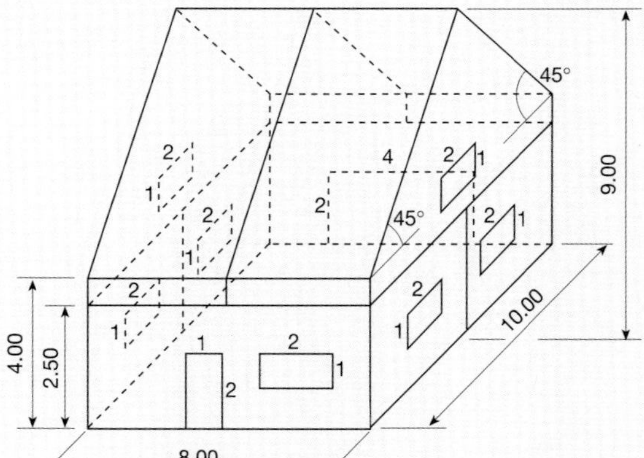

Für das Beispielhaus wird eine Wärmeschutzverglasung mit einem Gesamtenergiedurchlassgrad der Verglasung von 0,63 angenommen. Alle Fenster sollen mit außenliegenden Jalousien ($F_C = 0{,}4$ nach Tafel 3.3) ausgestattet sein. Wäre das Haus mit Rollläden versehen, erübrigt sich eine Nachweisführung nach DIN 4108-2, da es sich dann um ein Ein- oder Zweifamilienhaus mit Sonnenschutzvorrichtungen mit $F_C \leq 0{,}3$ handelt.

1. Überprüfung der Grundflächen bezogenen Fensterflächenanteile der einzelnen Räume:

❒ Raum Obergeschoss West (Westfenster):

Zur Ermittlung der Nettogrundfläche A_G wird von den vorhandenen Außenmaßen die Außenwandstärke bzw. die halbe Innenwanddicke abgezogen.

$$f_{AG} = \frac{A_W}{A_G} = \frac{1{,}00\,m \cdot 2{,}00\,m}{(10{,}00\,m - 2 \cdot 0{,}30\,m) \cdot (4{,}00\,m - 0{,}30\,m - 0{,}5 \cdot 0{,}15\,m)} = \frac{2{,}00\,m^2}{34{,}1\,m^2} = 0{,}06 < 0{,}10$$

Nachweis ist nicht erforderlich.

- Raum Obergeschoss Ost (Ostfenster): wie Obergeschoss West (Nachweis nicht erforderlich)

- Raum Erdgeschoss Nordhälfte (Ost-, Nord- und Westfenster):

$$f_{AG} = \frac{3 \cdot 1{,}00\,m \cdot 2{,}00\,m}{(8{,}00\,m - 2 \cdot 0{,}30\,m) \cdot (5{,}00\,m - 0{,}30\,m - 0{,}5 \cdot 0{,}15\,m)} = \frac{6{,}00\,m^2}{34{,}2\,m^2} = 0{,}18 > 0{,}10$$

Nachweis ist für die Nordhälfte des Erdgeschosses erforderlich.

- Raum Erdgeschoss Südhälfte (Ost-, West- und Südfenster):

$$f_{AG} = \frac{2 \cdot 1{,}00\,m \cdot 2{,}00\,m + 2{,}00\,m \cdot 4{,}00\,m}{(8{,}00\,m - 2 \cdot 0{,}30\,m) \cdot (5{,}00\,m - 0{,}30\,m - 0{,}5 \cdot 0{,}15\,m)} = \frac{12{,}00\,m^2}{34{,}2\,m^2} = 0{,}35 > 0{,}10$$

Nachweis ist für die Südhälfte des Erdgeschosses erforderlich.

2. Rechnerischer Nachweis für den Raum „Erdgeschoss Nordhälfte“
2a) Bestimmung des Sonneneintragskennwertes nach Gl. 3.3

$$S = \frac{\Sigma_j (A_{w,j} \cdot g_{total,j})}{A_G}$$

Hierbei ergibt sich aus dem Gesamtenergiedurchlassgrad der Verglasung und den außenliegenden Jalousien einheitlich für alle Fenster $g_{total} = 0{,}63 \cdot 0{,}4$. Somit lässt sich der vorhandene Sonneneintragskennwert ermitteln zu

$$S = \frac{6{,}00\,m^2 \cdot 0{,}63 \cdot 0{,}4}{34{,}2\,m^2} = 0{,}044$$

2b) Ermittlung des zulässigen Höchstwertes des Sonneneintragskennwertes S_{zul} aus Gl. 3.5 unter Berücksichtigung der anteiligen Sonneneintragskennwerte S_x aus Tafel 3.5

$$S_{zul} = \Sigma\, S_x$$

- Referenzort Essen (Klimaregion B) $S_1 = 0{,}03$
- schwere Bauart
  mit Fensterflächen $A_W = 6{,}00\,m^2$;

Außenwandflächen $A_{AW} = 2 \cdot 10{,}00\ m \cdot 0{,}5 \cdot 2{,}50\ m +$
$8{,}00\ m \cdot 2{,}50\ m - 6{,}00\ m^2 = 39{,}00\ m^2$
$A_D = 0$ und $A_G = 34{,}22\ m^2$. Daraus ergibt sich
$S_2 = 0{,}115 \cdot f_{gew} = 0{,}115 \cdot (A_W + 0{,}3 \cdot A_{AW} + 0{,}1 \cdot A_D)/A_G$
$= 0{,}115 \cdot (6{,}00\ m^2 + 0{,}3 \cdot 39{,}00\ m^2 + 0{,}1 \cdot 0)/34{,}22 = 0{,}059$

$S_2 = 0{,}059$

❒ erhöhte Nachtlüftung bei schwerer Bauart

$S_3 = 0{,}03$

❒ keine Sonnenschutzverglasungen mit $g \leq 0{,}4$

$S_4 = 0$

❒ keine geneigten Fenster

$S_5 = 0$

❒ nordorientierte Fensterflächen

$$S_6 = 0{,}10 \cdot f_{nord} = 0{,}10 \cdot \frac{A_{W,nord}}{A_{W,gesamt}}$$

$$= 0{,}10 \cdot \frac{2{,}00\ m^2}{6{,}00\ m^2} = 0{,}033$$

$S_6 = 0{,}033$

Der Höchstwert des zulässigen Sonneneintragskennwertes beträgt somit

$S_{zul} = 0{,}03 + 0{,}059 + 0{,}03 + 0 + 0 + 0{,}033 = 0{,}152$
$S_{zul} = 0{,}152 > 0{,}044 = S$

Der Nachweis eines ausreichenden sommerlichen Wärmeschutzes nach E DIN 4108-2 ist damit erbracht.

3. Rechnerischer Nachweis für den Raum „Erdgeschoss Südhälfte"
3a) Bestimmung des Sonneneintragskennwertes nach Gl. 3.3

$$S = \frac{\sum_j (A_{W,j} \cdot g_{total,j})}{A_G} \qquad \text{(Gl. 3.3)}$$

Hierbei ergibt sich aus dem Gesamtenergiedurchlassgrad der Verglasung und den außenliegenden Jalousien einheitlich für alle Fenster $g_{total} = 0{,}63 \cdot 0{,}4$.

Somit lässt sich der vorhandene Sonneneintragskennwert ermitteln zu

$$S = \frac{12{,}00\ m^2 \cdot 0{,}63 \cdot 0{,}4}{34{,}2\ m^2} = 0{,}088$$

Wäre das Gebäude statt mit außenliegenden Jalousien mit innenliegenden oder zwischen den Scheiben montierten reflektierenden Sonnenschutzlamellen geringer Transparenz ausgestattet, würde sich der Abminderungsfaktor F_C statt auf 0,4 auf 0,75 belaufen. Der Sonneneintragskennwert S würde hierbei die Größe 0,166 annehmen.

3b) Ermittlung des zulässigen Höchstwertes des Sonneneintrags kennwertes S_{zul} aus Gl. 3.5 unter Berücksichtigung der anteiligen Sonneneintragskennwerte S_x aus Tafel 3.4

$$S \leq S_{zul} = \Sigma S_x \qquad \text{(Gl. 3.5)}$$

- Referenzort: Essen (Klimaregion B) $S_1 = 0{,}03$

- schwere Bauart $S_2 = 0{,}115 \cdot f_{gew}$
  mit Fensterflächen $A_W = 12{,}00\ m^2$,
  Außenwandfläche $A_{AW} = 2 \cdot 10{,}00\ m \cdot 0{,}5 \cdot 2{,}50\ m + 8{,}00\ m \cdot 2{,}50\ m - 12{,}00\ m^2 = 45{,}00 - 12{,}00\ m^2 = 33{,}00\ m^2$,
  $A_D = 0$ und $A_G = 34{,}22\ m^2$. Daraus ergibt sich

  $S_2 = 0{,}115 \cdot f_{gew} = 0{,}115 \cdot (A_W + 0{,}3 \cdot A_{AW} + 0{,}1 \cdot A_D) / A_G$
  $S_2 = 0{,}115 \cdot (12{,}00\ m^2 + 0{,}3 \cdot 33{,}00\ m^2 + 0) / 34{,}22\ m^2$
  $S_2 = 0{,}115 \cdot 21{,}9 / 34{,}22 = 0{,}074$

- erhöhte Nachtlüftung bei schwerer Bauart $S_3 = 0{,}03$
- keine Sonnenschutzverglasungen mit $g \leq 0{,}4$ $S_4 = 0$
- keine geneigten Fenster $S_5 = 0$
- keine nordorientierten oder verschatteten Fenster $S_6 = 0$

Der Höchstwert des zulässigen Sonneneintragskennwertes beträgt somit

$S_{zul} = 0{,}03 + 0{,}074 + 0{,}03 = 0{,}134 > S = 0{,}088$

Der Nachweis des ausreichenden sommerlichen Wärmeschutzes nach E DIN 4108-2 ist damit erbracht.

Hierbei wird auch deutlich, wie groß der Einfluss von Sonnenschutzvorrichtungen bei dieser Berechnung ist. Die Abminderungsfaktoren F_C für Sonnenschutzvorrichtungen gehen linear in die Berechnung des Sonneneintragskennwertes ein. Die alternative Berechnung des Sonneneintragskennwertes mit innenliegenden oder zwischen den Scheiben liegenden Sonnenschutzvorrichtungen würde mit einem Sonneneintragskennwert S von 0,166 (siehe oben) den Anforderungen der Norm nicht genügen.

3.1.6 Gebäudedichtheit und Mindestluftwechsel

Mit ansteigendem Dämmniveau übt die Gebäudedichtheit einen zunehmenden Einfluss auf den Wärmeverlust aus. Die Energieeinsparverordnung fordert daher, dass bei Neubauten – unabhängig vom Gebäudetyp – die wärmeübertragende Umfassungsfläche einschließlich der Fugen dem Stand der Technik entsprechend dauerhaft luftundurchlässig abgedichtet werden muss.

In der Regel ist diese Luftdichtheitsschicht raumseitig der Dämmebene und möglichst auch raumseitig der Tragkonstruktion anzuordnen. Hierdurch wird unter anderem ein Einströmen von Raumluft in die Konstruktion verhindert. Zur materialgerechten Planung von Luftdichtheitsschichten und deren Anschlüssen liegt mit DIN 4108 in Teil 7 „Luftdichtheit von Gebäuden, Anforderungen, Planungs- und Ausführungsempfehlungen sowie -beispiele“ [3.9] ein dem Stand der Technik angepasstes Regelwerk vor. Betonbauteile nach DIN 1045 und Mauerwerk mit mindestens einlagiger Putzschicht gelten als luftdicht. Im Besonderen können daher die zahlreichen Prinzipskizzen der DIN 4108-7 dem

Bild 3.3: Anschluss einer luftdichten Bahn an eine Wand aus verputztem Mauerwerk oder Beton durch Einputzen nach DIN 4108-7 [3.9]

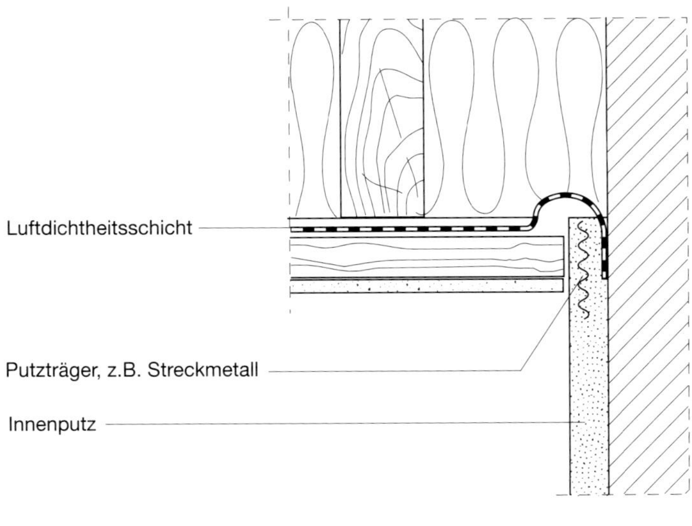

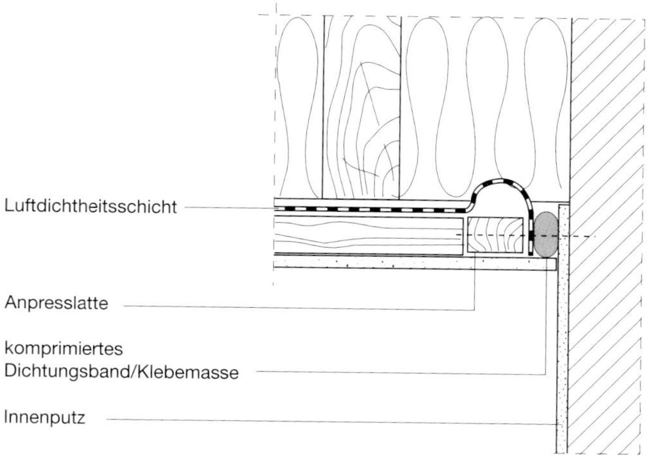

Bild 3.4: Anschluss einer luftdichten Bahn an eine Wand aus verputztem Mauerwerk oder Beton mit komprimiertem Dichtband bzw. geeigneter Klebemasse und verschraubter Anpresslatte nach DIN 4108-7 [3.9]

Planer bei der luftdichten Ausführung im Bereich von Anschlüssen und Stößen helfen, wo luftdichte Bahnen an Mauerwerk oder Beton anschließen. Beispielhaft sind derartige Anschlüsse in den Bildern 3.3 bis 3.5 dargestellt.

Zur ausreichenden Dichtheit der Fugen müssen außenliegende Fensterflächen sowie Fenstertüren und Dachflächenfenster in Abhängigkeit der Anzahl an Vollgeschossen bestimmte Klassen der Fugendurchlässigkeit nach DIN EN 12207 [3.10] erfüllen. Für Gebäude mit bis zu zwei Vollgeschossen genügt die Klasse 2 der Fugendurchlässigkeit, bei mehr als zwei Vollgeschossen wird die Klasse 3 nach DIN EN 12207 gefordert.

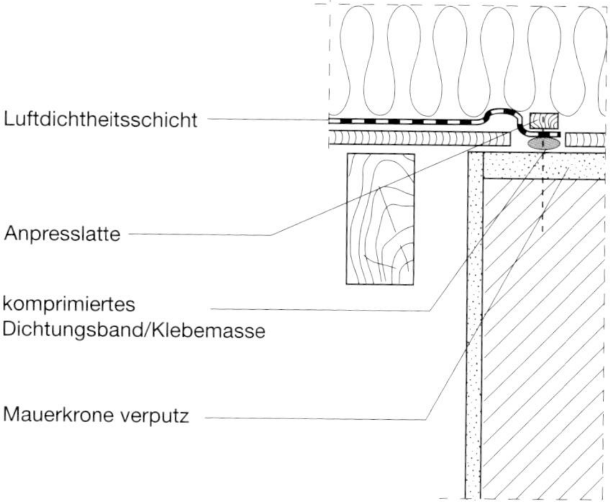

Bild 3.5: Ortganganschluss der luftdichten Bahnen an die verputzte Mauerkrone bei Aufsparrendämmung nach DIN 4108-7 [3.9]

Klasse 2 lässt hiernach bei einem Prüfdruck von 100 Pa eine Luftdurchlässigkeit - bezogen auf die Fugenlänge - zu, die höchstens 6,75 m^3 je Stunde und laufenden Meter Fuge betragen darf. In Klasse 3 dürfen bei gleichem Prüfdruck die Luftverluste maximal 2,25 m^3 je Stunde und laufenden Meter Fuge betragen (Tafel 3.6).

Eine Überprüfung der Luftdichtheit der wärmeübertragenden Umfassungsfläche einschließlich der Fugen kann am Bauwerk mit dem Diffe-

Tafel 3.6: Anforderungen der Energieeinsparverordnung an die Fugendurchlässigkeitsklassen nach DIN 12207

Anzahl der Vollgeschosse	erforderliche Fugendurchlässigkeitsklasse	Referenzluftdurchlässigkeit bei 100 Pa bezogen auf die Fugenlänge nach DIN 12207
≤ 2	2	6,75 $m^3/(h \cdot m)$
> 2	3	2,25 $m^3/(h \cdot m)$

renzdruckverfahren nach DIN EN 13829 [3.11] (z.B. Blower-Door-Verfahren) durchgeführt werden. Bei einer Messung mit einer Druckdifferenz von 50 Pa zwischen innen und außen darf nach Energieeinsparverordnung der gemessene Volumenstrom (n_{50}), bezogen auf das beheizte Luftvolumen, 3 h^{-1} nicht überschreiten, sofern keine raumlufttechnischen Anlagen im Gebäude eingesetzt werden (freie Lüftung). Bei Einbau und Betrieb von raumlufttechnischen Anlagen wird der höchstzulässige Volumenstrom unter gleichen Prüfbedingungen auf 1,5 h^{-1} begrenzt. Nach den Richtwerten für die Luftdichtheit von Gebäuden bei einer Druckprüfung mit 50 Pa Druckdifferenz (siehe Kapitel 3.2.3.1, Tafel 3.20 „Richtwerte für die Luftdichtheit von Gebäuden bei einer Druckprüfung mit 50 Pa Druckdifferenz") führen diese Anforderungen bei freier Lüftung zu einer mitteldichten (n_{50} = 2,0 bis 8,0 h^{-1}) bzw. bei maschineller Lüftung zu einer sehr dichten Gebäudehülle (n_{50} = 0,5 bis 3,0 h^{-1}).

Neubauten sind darüber hinaus so zu errichten, dass der aus Gründen der Gesundheit und Beheizung erforderliche Mindestluftwechsel gewährleistet wird. Hierzu dienen Fenster oder Lüftungseinrichtungen. Letztere müssen bestimmungsgemäß regulierbar sein und im geschlossenen Zustand den Dichtheitsanforderungen für Fenster entsprechen.

3.1.7 Ausweise über Energie- und Wärmebedarf

3.1.7.1 Allgemeines

Für *zu errichtende Gebäude mit normalen Innentemperaturen* wird der bislang nach der Wärmeschutzverordnung 1995 [3.1] geforderte Wärmebedarfsausweis zu einem *Energiebedarfsausweis* erweitert. In ihm finden sich Angaben zu spezifischen Werten des Transmissionswärmeverlustes, der Anlagenaufwandszahl für Heizungs-, Warmwasser- und Lüftungsanlagen, des Endenergiebedarfs der jeweiligen Energieträger und zum Jahres-Primärenergiebedarf. Für Gebäude mit geringem Volumen (bis 100 m³) wird der Energiebedarfsausweis nicht verlangt. Für Gebäude mit überwiegender Nutzung (über 70 %) von Kraft-Wärme-Kopplung und erneuerbarer Energien oder für Gebäude mit Wärmeerzeugern, für die keine Regeln der Technik vorliegen (z.B. Einzelfeuerstätten) sind verschiedene Angaben zum Energiebedarf freigestellt. Auf die besonderen Regelungen, die die Energieeinsparverordnung diesen Gebäuden einräumt, ist hinzuweisen.

Wesentliche Änderungen an der Gebäudesubstanz oder der Anlagentechnik müssen in einem Energiebedarfsausweis festgehalten werden, wenn im Zusammenhang mit den Änderungen die spezifischen Kenngrößen ermittelt worden sind (Transmissionswärmeverlust, Anlagen-Aufwandszahl, Endenergiebedarf, Jahres-Primärenergiebedarf). Wesentliche Änderungen liegen im Sinne der Energieeinsparverordnung dann vor, wenn innerhalb eines Jahres an mindestens drei Außenbauteilen (Außenwände, Fenster, Außentüren, Decken, Dächer, etc.) großflächige Änderungen (über 20 % der entsprechenden Flächen) in Verbindung mit dem Austausch des Heizkessels bzw. der Umstellung auf einen anderen Energieträger vorgenommen werden. Ferner liegt eine wesentliche Änderung dann vor, wenn das beheizte Gebäudevolumen um mehr als 50 % erweitert wurde.

Die freiwillige Erstellung eines Energiebedarfsausweises nach einer Änderung ist möglich. Es ist im Ausweis zu vermerken, ob er freiwillig aufgestellt wird oder im Zusammenhang mit wesentlichen Änderungen notwendig geworden ist.

Für *zu errichtende Gebäude mit niedrigen Innentemperaturen* wird, sofern das Gebäudevolumen 100 m³ übersteigt, im Besonderen der auf die wärmeübertragende Umfassungsfläche bezogene Transmissionswärmeverlust in einem *Wärmebedarfsausweis* festgehalten.

Dieser obligatorisch für alle Neubauten geforderte Energie- bzw. Wärmebedarfsausweis führt im Gegensatz zu den Angaben des bislang verbindlichen Wärmebedarfsausweises zu einer deutlich höheren Transparenz für den Nutzer. Er kann zukünftig den tatsächlichen, von ihm zu bezahlenden Energieverbrauch besser mit den „rechnerisch ermittelten Verbrauchswerten“ (Endenergiebedarf der jeweiligen Energieträger) vergleichen. Beim Wärmebedarfsausweis nach alter Wärmeschutzverordnung machten die Angaben zum Jahresheizwärmebedarf nur unzureichend Prognosen über den vermutlichen Jahresheizenergiebedarf.

3.1.7.2

Inhalt und Aufbau

In einer Allgemeinen Verwaltungsvorschrift zu § 13 der Energieeinsparverordnung (AVV Energiebedarfsausweis) [3.12] werden Inhalt, Aufbau und Gliederung, nicht aber die grafische Gestaltung der Energie- und Wärmebedarfsausweise geregelt. Energie- und Wärmebedarfsausweise müssen demnach, neben Datum und Angaben zum Aussteller, folgende allgemeine Angaben enthalten:

- ❒ Bezeichnung des Gebäudes/Gebäudeteils mit Adresse, Gemarkung und Flurstücknummer,
- ❒ Nutzungsart (z.B. Wohngebäude),
- ❒ wärmeübertragende Umfassungsfläche A und beheiztes Volumen V_e sowie deren Verhältnis A/V_e,
- ❒ Gebäudenutzfläche A_N im Sinne der Energieeinsparverordnung (nur für Wohngebäude),
- ❒ Art der Beheizung und der Warmwasserbereitung sowie ggf. Art und Anteil erneuerbarer Energien.

Die Energiebedarfsausweise für zu errichtende Gebäude mit normalen Innentemperaturen müssen in die Punkte „I. Objektbeschreibung" (mit den vorgenannten allgemeinen Angaben), „II. Energiebedarf" und „III. Weitere energiebezogene Merkmale" gegliedert sein. Insbesondere können Anlagen zu den Punkten II und III die dort gemachten Angaben, wie z.B. zu Dichtheitsprüfungen, zur Anlagentechnik oder zur Berechnung von Wärmebrücken, dokumentieren.

Als Pflichtangaben sind im Abschnitt II folgende Werte anzugeben:

- ❒ zulässiger Höchstwert und der für das Gebäude berechnete Wert des Jahres-Primärenergiebedarfs und
- ❒ die Werte des errechneten Endenergiebedarfs, getrennt nach Energieträgern.

Des Weiteren sind in Abschnitt III aufzunehmen:

- ❒ zulässiger Höchstwert und der berechnete Wert des spezifischen, auf die wärmeübertragende Umfassungsfläche bezogenen Transmissionswärmeverlustes,
- ❒ Anlagenaufwandszahl e_P sowie eine Angabe über die Begrenzung der Wärmeabgabe von Wärme- und Warmwasserverteilungsleitungen,
- ❒ Ansätze zur Berücksichtigung von Wärmebrücken,
- ❒ ob ein Dichtheitsnachweis in der Berechnung berücksichtigt wurde,
- ❒ wie der Mindestluftwechsel erfolgen soll,
- ❒ ob und in welcher Art ein Nachweis des sommerlichen Wärmeschutzes erfolgte
- ❒ und ob Ausnahmen oder Befreiungen erteilt wurden.

Bild 3.6 zeigt ein Beispiel (Muster) für einen solchen Energiebedarfsausweis, der der gleichnamigen Allgemeinen Verwaltungsvorschrift entnommen ist.

Energiebedarfsausweis nach § 13 Energieeinsparverordnung

I. Objektbeschreibung

Gebäude / -teil		Nutzungsart	☐Wohngebäude ☐
PLZ, Ort		Straße, Haus-Nr.	
Baujahr		Jahr der baulichen Änderung	

Geometrische Angaben

Wärmeübertragende Umfassungsfläche A	m^2	Bei Wohngebäuden:	
Beheiztes Gebäudevolumen V_e	m^3	Gebäudenutzfläche A_N	m^2
Verhältnis A/V_e	m^{-1}	Wohnfläche (Angabe freigestellt)	m^2

Beheizung und Warmwasserbereitung

Art der Beheizung		Art der Warmwasserbereitung		
Art der Nutzung erneuerbarer Energien		Anteil erneuerbarer Energien	%	am Heizwärmebedarf

II. Energiebedarf

Jahres-Primärenergiebedarf

Zulässiger Höchstwert		**Berechneter Wert**
	⇔	

Endenergiebedarf nach eingesetzten Energieträgern

		Energieträger 1	Energieträger 2
	Endenergiebedarf (absolut)	kWh/a	kWh/a
	Endenergiebedarf bezogen auf		
Nicht-Wohngebäude	das beheizte Gebäudevolumen	$kWh/(m^3 \cdot a)$	$kWh/(m^3 \cdot a)$
Wohngebäude	die Gebäudenutzfläche A_N	$kWh/(m^2 \cdot a)$	$kWh/(m^2 \cdot a)$
	die Wohnfläche (Angabe freigestellt)	$kWh/(m^2 \cdot a)$	$kWh/(m^2 \cdot a)$

Hinweis:

Die angegebenen Werte des Jahres-Primärenergiebedarfs und des Endenergiebedarfs sind vornehmlich für die überschlägig vergleichende Beurteilung von Gebäuden und Gebäudeentwürfen vorgesehen. Sie wurden auf der Grundlage von Planunterlagen ermittelt. Sie erlauben nur bedingt Rückschlüsse auf den tatsächlichen Energieverbrauch, weil der Berechnung dieser Werte auch normierte Randbedingungen etwa hinsichtlich des Klimas, der Heizdauer, der Innentemperaturen, des Luftwechsels, der solaren und internen Wärmegewinne und des Warmwasserbedarfs zugrunde liegen. Die normierten Randbedingungen sind für die Anlagentechnik in DIN V 4701-10 : 2001-02 Nr. 5 und im Übrigen in DIN V 4108-6 : 2000-11 Anhang D festgelegt. Die Angaben beziehen sich auf Gebäude und sind nur bedingt auf einzelne Wohnungen oder Gebäudeteile übertragbar.

Bild 3.6: Muster eines Energiebedarfsausweises nach Allgemeiner Verwaltungsvorschrift zu § 13 der Energieeinsparungsverordnung (AVV Energiebedarfsausweis) [3.12], Muster A

Platzhalter für die notwendigen Angaben des Energiebedarfsausweises sind ebenfalls im abgedruckten Muster aufgeführt. Die im Muster unter II. aufgenommenen Hinweise zu den normierten Randbedingungen sind wörtlich zu übernehmen. Bei überwiegender Nutzung von elektrischen Speicherheizungen ist zusätzlich auf den erleichternd anzusetzenden Primärenergiefaktor von 2,0 zur Berechnung des Jahres-Primärenergiebedarfs hinzuweisen. Der mit dem Primärenergiefaktor von 2,0 (zum Vergleich mit dem zulässigen Höchstwert) wie auch der mit dem Primärenergiefaktor nach DIN V 4701-10 berechnete Wert des Jahres-Primärenergiebedarfs sind im Energiebedarfsausweis anzugeben.

Bild 3.6: Muster eines Energiebedarfsausweises nach Allgemeiner Verwaltungsvorschrift zu § 13 der Energieeinsparungsverordnung (AVV Energiebedarfsausweis) [3.12], Muster A (Fortsetzung)

III. Weitere energiebezogene Merkmale

Transmissionswärmeverlust

Zulässiger Höchstwert ______ W/(m²·K) ⇔ **Berechneter Wert** ______ W/(m²·K)

Anlagentechnik

Anlagenaufwandszahl e_p ______ ☐ Berechnungsblätter sind beigefügt

☐ Die Wärmeabgabe der Wärme- und Warmwasserverteilungsleitungen wurde nach Anhang 5 EnEV begrenzt.

Berücksichtigung von Wärmebrücken

☐ pauschal mit 0,10 W/(m²·K)
☐ pauschal mit 0,05 W/(m²·K) bei Verwendung von Planungsbeispielen nach DIN 4108 : 1998-08 Beibl. 2
☐ mit differenziertem Nachweis
☐ Berechnungen sind beigefügt

Dichtheit und Lüftung

☐ ohne Nachweis
☐ mit Nachweis nach Anhang 4 Nr. 2 EnEV
☐ Messprotokoll ist beigefügt

Mindestluftwechsel erfolgt durch

☐ Fensterlüftung
☐ mechanische Lüftung
☐ andere Lüftungsart: ______

Sommerlicher Wärmeschutz

☐ Nachweis nicht erforderlich, weil der Fensterflächenanteil 30 % nicht überschreitet
☐ Nachweis der Begrenzung des Sonneneintragskennwertes wurde geführt
☐ das Nicht-Wohngebäude ist mit Anlagen nach Anhang 1 Nr. 2.9.2 ausgestattet. Die innere Kühllast wird minimiert.
☐ Berechnungen sind beigefügt

Einzelnachweise, Ausnahmen und Befreiungen

☐ Einzelnachweise nach § 15 (3) EnEV wurden geführt für ______
☐ eine Ausnahme nach § 16 EnEV wurde zugelassen. Sie betrifft ______
☐ eine Befreiung nach § 17 EnEV wurde erteilt. Sie umfasst ______

☐ Nachweise sind beigefügt
☐ Bescheide sind beigefügt

Verantwortlich für die Angaben

Name		Datum	
Funktion/Firma		Unterschrift	
Anschrift		ggf. Stempel / Firmenzeichen	

Aufbau und Inhalt des Energiebedarfsausweises für eine Änderung oder Erweiterung bestehender Gebäude lehnen sich i.d.R. an den Ausweis für neu zu errichtende Gebäude an. Bei wesentlichen Änderungen sind diese im Energiebedarfsausweis aufzuzählen.

Der Wärmebedarfsausweis für Gebäude mit niedrigen Innentemperaturen folgt im Grundsatz dem Aufbau und Inhalt der Energiebedarfsausweise. Er besteht aus den Abschnitten „I. Objektbeschreibung", „II. Transmissionswärmeverlust" und „III. Weitere energiebezogene Merkmale". In Abschnitt II ist der zulässige sowie berechnete spezifische auf die wärmeübertragende Umfassungsfläche bezogene Transmissionswärmeverlust aufzuführen. Obligatorische Hinweise zu den normierten Randbedingungen der Berechnungen ergänzen die Angaben zu diesem Abschnitt. In Abschnitt III folgen als weitere Angaben die Ansätze zur Berücksichtigung von Wärmebrücken, ob die Nachweise zur Energieeinsparverordnung einen Dichtheitsnachweis einschließen und über welche Lüftungsart der Mindestluftwechsel erfolgen soll.

3.1.8

Heizungstechnische Anlagen und Warmwasseranlagen - Inbetriebnahme und Begrenzung der Wärmeabgabe

Die Regelungen in der Energieeinsparverordnung über heizungstechnische Anlagen und Warmwasseranlagen enthalten energetische Mindestanforderungen und beziehen sich auf

- die Einrichtung neuer Anlagen zur Inbetriebnahme in Neubauten,
- den erstmaligen Einbau von (neuen) Anlagen in bestehende Gebäude und
- den Ersatz oder die Erneuerung bestehender Anlagen oder Anlagenkomponenten.

In Gebäuden, deren Jahres-Primärenergiebedarf nicht begrenzt ist (z.B. Gebäude mit niedrigen Innentemperaturen, Gebäudebestand), müssen Niedertemperatur-Heizkessel oder Brennwertkessel eingesetzt werden. Die Inbetriebnahme von Standardheizkesseln ist ausgeschlossen.

Bestehende Gebäude mit normalen Innentemperaturen sind von dieser Regelung dann ausgenommen, wenn der dem Gebäude entsprechende Höchstwert des Jahres-Primärenergiebedarfs von Neubauten um nicht mehr als 40 % überschritten wird. Damit sind Standardheizkessel im Erneuerungsfall nur noch dann einsetzbar, wenn im Nachhinein eine entsprechend günstige Energiebedarfsberechnung erstellt wird.

Mit den vorgenannten Regelungen soll dem hohen Energieverbrauch und der damit verbundenen Klimabelastung angemessen entgegengewirkt werden, womit der Betrieb von Standardheizkesseln unter den in Deutschland vorzufindenden Randbedingungen (insbesondere überwiegend Teillastbetrieb) in diesen Fällen verbunden wäre.

Die Wärmeabgabe von Wärmeverteilungs- oder Warmwasserleitungen und von Armaturen ist durch Wärmedämmung zu begrenzen. Für Dämmmaterialien mit der Wärmeleitfähigkeit 0,035 W/(m · K) ergeben sich Mindestdicken der Dämmschichten in der Größenordnung der Durchmesser der zu dämmenden Leitungen oder Armaturen. Genauere Angaben hierzu sind im Anhang 5 der Energieeinsparverordnung zu finden.

Aufwandszahlen der heizungs- und raumlufttechnischen Anlagen zur Berücksichtigung bei der Nachweisführung

Zur Ermittlung des Jahres-Primärenergiebedarfs eines Gebäudes ist neben den bauphysikalischen Eigenschaften des Gebäudes ebenfalls die Kenntnis über die Leistungsfähigkeit der Heizung, der Trinkwassererwärmung und ggf. der Lüftungsanlage von zentraler Bedeutung. Ein Maß für die energetische Qualität der Anlagentechnik ist die Anlagen-Aufwandszahl e_p. Sie beschreibt das Verhältnis der von der Anlagentechnik aufgenommenen Primärenergie zu der von ihr abgegebenen Nutzwärme, entsprechend Gl. 3.6.

$$e_p = \frac{\text{Primärenergie zur Erzeugung von Heizwärme und Trinkwarmwasser}}{\text{Heizwärme- und Trinkwarmwasserbedarf des Gebäudes}}$$

$$= \frac{Q_p}{Q_h + Q_w} \qquad \text{(Gl. 3.6)}$$

Die Anlagentechnik ist energetisch umso effektiver, je geringer die Anlagen-Aufwandszahl e_p ist. Anlagensysteme, die einen hohen Anteil regenerativer Energien nutzen, können sogar Anlagen-Aufwandszahlen aufweisen, die kleiner als 1 sind.

Die Anlagen-Aufwandszahl wird nach DIN V 4701-10 [3.5] ermittelt. In dieser Norm werden drei Möglichkeiten der Ermittlung angeboten.

1) Eine detaillierte Bestimmung der Anlagen-Aufwandszahl, bei der sämtliche energetisch relevanten Bestandteile der Anlagentechnik rechnerisch erfasst werden und dementsprechend auch bekannt sein müssen.
2) Ein Tabellenverfahren, mit dem tabellarisch aufgeführte Energiekennzahlen unterschiedlicher Anlagenkomponenten zusammengeführt werden und daraus die Anlagen-Aufwandszahl ermittelt wird.
3) Ein Diagrammverfahren, bei dem für sechs ausgewählte Standardanlagen die Anlagen-Aufwandszahl in Abhängigkeit von der Nutzfläche A_N und dem Jahres-Heizenergiebedarf Q_h abgeschätzt werden kann.

Die in DIN V 4701-10 beschriebenen Standardanlagen sind (siehe Anhang 5.3):

- Anlage 1: Niedertemperatur-Kessel mit gebäudezentraler Trinkwassererwärmung
- Anlage 2: Brennwert-Kessel mit gebäudezentraler Trinkwassererwärmung
- Anlage 3: Brennwert-Kessel und solar unterstützte Trinkwassererwärmung
- Anlage 4: Brennwert-Kessel und Lüftungsanlage mit Wärmerückgewinnung
- Anlage 5: Wärmepumpe mit gebäudezentraler Trinkwassererwärmung
- Anlage 6: Dezentrale elektrische Direktheizung mit Lüftungsanlage, dezentrale Trinkwassererwärmung

Weitere Diagramme zur Bestimmung von Anlagen-Aufwandszahlen findet der Planer im Beiblatt 1 zur DIN V 4701-10 [3.13]. Hier sind für weitere 65 Anlagensysteme mit Standardkomponenten für Wohngebäude die benötigten energetischen Kennzahlen in Diagramm- und Tabellenform aufbereitet worden. Wenngleich bei der Erstellung der Diagramme eine konstante Heizperiode von 185 Tagen unterstellt wurde, schränkt die Energieeinsparverordnung eine Übertragung auf Fälle mit längeren oder kürzeren Heizperioden nicht ein. Somit stehen dem Pla-

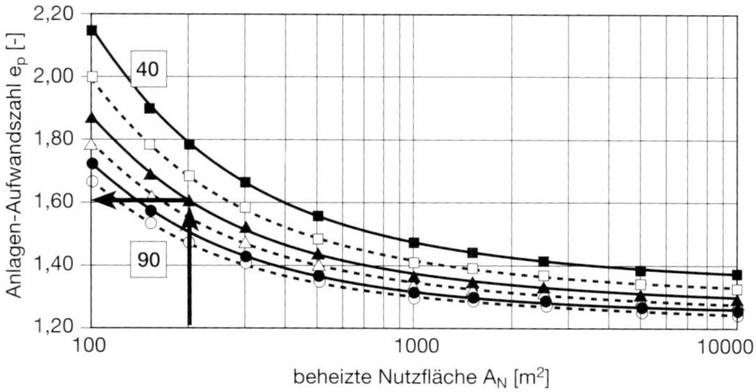

Bild 3.7: Ermittlung der Anlagen-Aufwandszahl e_p mit Hilfe von Diagrammen für Anlagensysteme mit Standardkomponenten (hier: Brennwert-Kessel mit gebäudezentraler Trinkwassererwärmung)

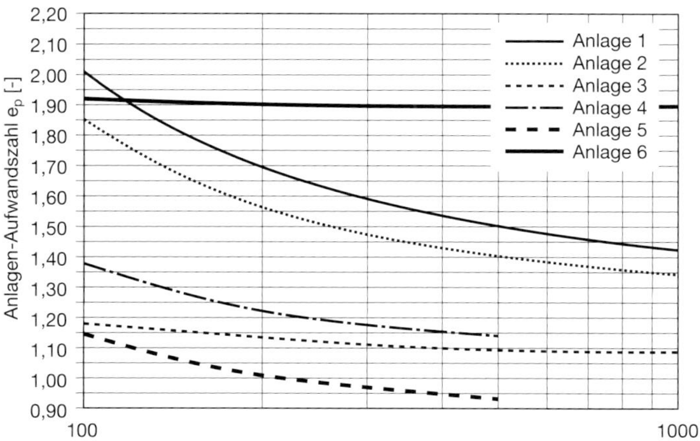

Bild 3.8: Anlagen-Aufwandszahlen für Wohngebäude unterschiedlicher Größe und unterschiedlicher Heizanlagen bei einem Heizwärmebedarf von 60 kWh/(m² · a)

Anlage 1: Niedertemperatur-Kessel mit gebäudezentraler Trinkwassererwärmung
Anlage 2: Brennwert-Kessel mit gebäudezentraler Trinkwassererwärmung
Anlage 3: Brennwert-Kessel und solar unterstützte Trinkwassererwärmung
Anlage 4: Brennwert-Kessel und Lüftungsanlage mit Wärmerückgewinnung
Anlage 5: Wärmepumpe mit gebäudezentraler Trinkwassererwärmung
Anlage 6: Dezentrale elektrische Direktheizung mit Lüftungsanlage, dezentrale Trinkwassererwärmung

ner mit den Informationen des Beiblatts 1 zu DIN V 4701-10 Planungsinstrumente zur Verfügung, die den Großteil der wohnungsbaurelevanten Anwendungsfälle abdecken.

Am Beispiel einer Heizanlage mit Brennwert-Kessel und gebäudezentraler Trinkwassererwärmung (Anlage 2 nach DIN V 4701-10 bzw. Anlage 66 nach Beiblatt 1 zu DIN V 4701-10) wird die Vorgehensweise zur Ermittlung der primärenergiebezogenen Aufwandszahl e_p erläutert: Bei einem ermittelten Heizwärmebedarf von zum Beispiel 60 kWh/($m^2 \cdot a$) eines Wohngebäudes mit einer beheizten Nutzfläche von 200 m^2 ergibt sich für diese Heizanlage eine primärenergiebezogene Aufwandszahl von $e_p = 1{,}61$ (siehe Bild 3.7).

Den Einfluss der heiz- und raumlufttechnischen Anlagen auf den Primärenergiebedarf zeigt Bild 3.8. In dieser Grafik sind für Wohngebäude mit unterschiedlicher beheizter Nutzfläche, jedoch konstantem Heizwärmebedarf von 60 kWh/($m^2 \cdot a$) die primärenergiebezogenen Anlagen-Aufwandszahlen aufgetragen.

3.1.10 Geometrische Gebäudekenndaten

Bei der Betrachtung wärmetechnischer Eigenschaften von Gebäuden sind deren geometrische Daten von grundlegender Bedeutung. Die Ermittlung dieser Informationen steht von daher am Anfang der wärmeschutztechnischen Nachweisführung.

Zunächst ist die *wärmetauschende Umfassungsfläche A* festzulegen. Dies ist die Fläche, die das beheizte Gebäudevolumen gegen die Außenluft oder nicht bzw. gering beheizte Gebäudebereiche abgrenzt. Die Fläche ist aus den Außenabmessungen der Flächen zu ermitteln und in m^2 anzugeben.

Das von diesen Flächen umschlossene Volumen ist das *beheizte Gebäudevolumen V_e (Bruttovolumen),* das in m^3 angegeben wird. Aus der wärmetauschenden Umfassungsfläche A und dem beheizten Gebäudevolumen V_e wird der Quotient A/V_e gebildet, der ein Maß für die Kompaktheit der Gebäudeform ist. Gebäude mit einem geringen A/V_e-Verhältnis sind kompakter - d.h. sie weisen pro Volumeneinheit weniger wärmetauschende Fläche auf - und sind damit bezüglich ihrer Form energetisch günstiger als Gebäude mit hohem A/V_e-Wert.

Eine abgeleitete geometrische Gebäudekenngröße ist die *Gebäudenutzfläche A_N*. Für Wohngebäude wird A_N im Rahmen der Energieeinsparverordnung aus dem beheizten Gebäudevolumen nach Gleichung 3.7 berechnet.

$$A_N = 0{,}32 \cdot V_e \qquad \text{(Gl. 3.7)}$$

Diese Näherung wurde bereits im Gültigkeitsbereich der Wärmeschutzverordnung 1995 [3.1] herangezogen. Sie findet ihre Begründung zum einen in dem Ansatz, dass sich die Netto-Geschossfläche aus dem Quotient von anrechenbaren Luftvolumen (≈ 0,8 · V_e) und lichter Geschosshöhe (≈ 2,50 m) ergibt. Zum anderen ergibt sich dieser Wert aus dem Quotient von Nettogeschossfläche (≈ 0,87 · Brutto-Geschossfläche) und Geschosshöhe (≈ 2,75 m).

Eine ebenfalls abgeleitete geometrische Gebäudekenngröße ist das *beheizte Luftvolumen V (Nettovolumen)* des Gebäudes. Diese Größe wird ebenfalls aus dem beheizten Gebäudevolumen ermittelt, und zwar mit

$$V = 0{,}76 \cdot V_e \qquad \text{(Gl. 3.8)}$$

bei Gebäuden mit bis zu drei Vollgeschossen und mit

$$V = 0{,}80 \cdot V_e \qquad \text{(Gl. 3.9)}$$

bei den übrigen Gebäuden.

Zur Veranschaulichung der weiteren Betrachtungen wird ein stark vereinfachtes Beispielgebäude gewählt, wie es in Bild 3.9 in seinen wesentlichen Abmessungen dargestellt ist.

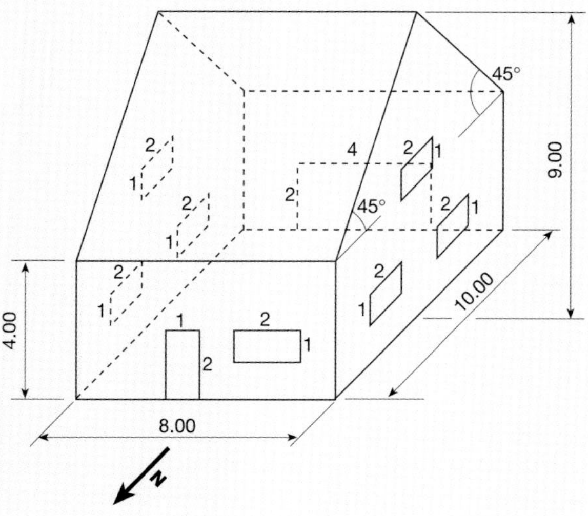

Bild 3.9: Beispielgebäude (Skizze)

Außenwand Nord		
(brutto):	$8{,}00\ m \cdot 4{,}00\ m =$	$32{,}00\ m^2$
Haustür	$2{,}00\ m \cdot 1{,}00\ m =$	$2{,}00\ m^2$
Fenster	$2{,}00\ m \cdot 1{,}00\ m =$	$2{,}00\ m^2$
Außenwand Süd		
(brutto):	$8{,}00\ m \cdot 4{,}00\ m =$	$32{,}00\ m^2$
Fenster	$2{,}00\ m \cdot 4{,}00\ m =$	$8{,}00\ m^2$
Außenwand West		
(brutto):	$10{,}00\ m \cdot 4{,}00\ m + 10{,}00\ m \cdot 2{,}50\ m =$	$65{,}00\ m^2$
Fenster	$3 \cdot 2{,}00\ m \cdot 1{,}00\ m =$	$6{,}00\ m^2$
Außenwand Ost		
(brutto):	$10{,}00\ m \cdot 4{,}00\ m + 10{,}00\ m \cdot 2{,}50\ m =$	$65{,}00\ m^2$
Fenster	$3 \cdot 2{,}00\ m \cdot 1{,}00\ m =$	$6{,}00\ m^2$
Dachfläche:	$2 \cdot 8{,}00\ m \cdot 7{,}07\ m =$	$113{,}12\ m^2$
Bodenplatte:	$8{,}00\ m \cdot 10{,}00\ m =$	$80{,}00\ m^2$

Bruttovolumen V_e: $10{,}00\ m \cdot 8{,}00\ m \cdot (4{,}00\ m + 2{,}50\ m) = 520{,}00\ m^3$

Wärmeübertragende Fläche A

$$= (32 + 32 + 65 + 65 + 113{,}12 + 80) = 387{,}12\ m^2$$

Gebäudenutzfläche A_N: $0{,}32\ m^{-1} \cdot 520{,}00\ m^3 = 166{,}40\ m^2$

$A/V_e = 387{,}12/520 = 0{,}74\ m^{-1}$

3.2 Zu errichtende Gebäude mit normalen Innentemperaturen

3.2.1 Anforderungen

An neu zu errichtende Gebäude mit normalen Innentemperaturen stellt die EnEV zwei energetische Anforderungen. Zum einen ist der Jahres-Primärenergiebedarf Q_p und zum anderen der spezifische, auf die wärmeübertragende Umfassungsfläche bezogene Transmissionswärmeverlust H_T' zu begrenzen. Die Formulierung zweier energetischer Anforderungen begründet sich darin, dass ein alleiniger Primärenergiebezug die Aufrechterhaltung des derzeitigen baulichen Wärmeschutzes nicht zwingend nach sich ziehen würde. Würde nur die Einhaltung des Jahres-Primärenergiebedarfs gefordert, wäre es theoretisch möglich, diesen Nachweis mit einer modernen und sehr effizienten Heizungsanlage jedoch gleichzeitig auch mit einer Gebäudehülle zu erfüllen, die energetisch unterhalb des Anforderungsniveaus der Wärmeschutzverordnung 1995 läge.

Höchstwerte des bezogenen Primärenergiebedarfs und der bezogenen Transmissionswärmeverluste werden, wie man es von der Wärmeschutzverordnung kennt, in Abhängigkeit des A/V_e-Verhältnisses aufgestellt. Die Anforderungen an den Jahres-Primärenergiebedarf von Wohngebäuden beinhalten auch Anteile der Warmwasserbereitung. Für dezentrale elektrische Systeme wurde pauschal ein Anteil von 34 kWh/($m^2 \cdot a$) in die Tabellenwerte einbezogen, während für zentrale Systeme eine

Abhängigkeit von der Gebäudenutzfläche gewählt wurde, die die Ausbildung des Verteilernetzes wiedergeben soll.

Somit ergeben sich für Wohngebäude (Tafel 3.7) folgende Anforderungen:

A / V_e	Jahres-Primärenergiebedarf Q_P'' [kWh/(m²·a)] bezogen auf die Gebäudenutzfläche A_N		Transmissionswärmeverlust H_T' [W/(m²·K)] bezogen auf die wärmeübertragende Umfassungsfläche
	allgemein	bei überwiegender Warmwasserbereitung aus elektrischem Strom	
1	2	3	4
≤ 0,2	66,00 + 2600/(100+A_N)	88,00	1,05
0,3	73,53 + 2600/(100+A_N)	95,53	0,80
0,4	81,06 + 2600/(100+A_N)	103,06	0,68
0,5	88,58 + 2600/(100+A_N)	110,58	0,60
0,6	96,11 + 2600/(100+A_N)	118,11	0,55
0,7	103,64 + 2600/(100+A_N)	125,64	0,51
0,8	111,17 + 2600/(100+A_N)	133,17	0,49
0,9	118,70 + 2600/(100+A_N)	140,70	0,47
1	126,23 + 2600/(100+A_N)	148,23	0,45
≥ 1,05	130,00 + 2600/(100+A_N)	152,00	0,44

Tafel 3.7: Höchstwerte des Jahres-Primärenergiebedarfs und der Transmissionswärmeverluste für Wohngebäude

Zwischenwerte der Tafel 3.7 dürfen mit folgenden Gleichungen interpoliert werden:

- für Spalte 2: $Q_P'' = 50{,}94 + 75{,}29 \cdot A/V_e + 2600/(100+A_N)$ [kWh/(m²·a)]
- für Spalte 3: $Q_P'' = 72{,}94 + 75{,}29 \cdot A/V_e$ [kWh/(m²·a)]
- für Spalte 4: $H_T' = 0{,}3 + 0{,}15 / (A/V_e)$ [W/(m²·K)]

Beispiel:
Bei dem Beispielwohngebäude sind demnach folgende energetische Kennwerte einzuhalten:

Jahres-Primärenergiebedarf:
$50{,}94 + 75{,}29 \cdot 0{,}74 + 2600/(100+166{,}4) = 116{,}41$ kWh/(m²·a)

bei überwiegend elektrischer Warmwasserbereitung:

$$72{,}94 + 75{,}29 \cdot 0{,}74 = 128{,}65\ \mathrm{kWh/(m^2 \cdot a)}$$

Transmissionswärmeverlust H_T':

$$0{,}3 + 0{,}15 / 0{,}74 = 0{,}50\ \mathrm{W/(m^2 \cdot K)}$$

Bei Nicht-Wohngebäuden sind die Werte der Tafel 3.8 für den Jahres-Primärenergiebedarf und die auf die wärmeübertragende Umfassungsfläche bezogenen Transmissionswärmeverluste einzuhalten.

Tafel 3.8: Höchstwerte des Jahres-Primärenergiebedarfs und der Transmissionswärmeverluste für Nicht-Wohngebäude

A / V_e	Jahres-Primärenergiebedarf Q_P' [kWh/(m³·a)] bezogen auf das beheizte Gebäudevolumen	Transmissionswärmeverlust H_T' [W/(m²·K)] bezogen auf die wärmeübertragende Umfassungsfläche	
		Fensterflächenanteil f ≤ 30 %	Fensterflächenanteil f > 30 %
1	2	3	4
≤ 0,2	14,72	1,05	1,55
0,3	17,13	0,80	1,15
0,4	19,54	0,68	0,95
0,5	21,95	0,60	0,83
0,6	24,36	0,55	0,75
0,7	26,77	0,51	0,69
0,8	29,18	0,49	0,65
0,9	31,59	0,47	0,62
1	34,00	0,45	0,59
≥ 1,05	35,21	0,44	0,58

Zwischenwerte der Tafel 3.8 dürfen mit folgenden Gleichungen interpoliert werden:

- für Spalte 2: $Q_P' = 9{,}90 + 24{,}10 \cdot A/V_e$
- für Spalte 3: $H_T' = 0{,}30 + 0{,}15 / (A/V_e)$
- für Spalte 4: $H_T' = 0{,}35 + 0{,}24 / (A/V_e)$

Die Ermittlung des Jahres-Primärenergiebedarfs darf für Wohngebäude mit einem Fensterflächenanteil von nicht mehr als 30 % nach dem vereinfachten Heizperiodenbilanzverfahren erfolgen. In den übrigen Fällen ist das Monatsbilanzverfahren nach DIN V 4108-6 [3.4] unter den Randbedingungen des Anhangs D anzuwenden.

Folgende Ausnahmen bei der Einhaltung der oben genannten Anforderungen sieht die Energieeinsparverordnung vor:

- Bei Ein- und Zweifamilienhäusern mit monolithischen Außenwandkonstruktionen und Niedertemperaturkesseln, deren Systemtemperatur 55/45 °C überschreitet, darf der Höchstwert des zulässigen Jahres-Primärenergiebedarfs Q_p'' um 3 % überschritten werden.
- Gebäude, die
  - zu mindestens 70 % durch Wärme aus Kraft-Wärme-Kopplung,
  - zu mindestens 70 % durch erneuerbare Energien mittels selbsttätig arbeitender Wärmeerzeuger oder
  - überwiegend durch Einzelfeuerstätten für einzelne Räume oder Raumgruppen sowie sonstige Wärmeerzeuger, für die keine Regeln der Technik vorliegen

beheizt werden, ist der Jahres-Primärenergiebedarf nicht nachzuweisen. Dafür ist jedoch der auf die Umfassungsfläche bezogene Transmissionswärmeverlust H_T' auf maximal 76 % der entsprechenden Werte zu begrenzen.

Würde das Beispielwohngebäude mit den oben genannten Systemen beheizt, wäre der Jahres-Primärenergiebedarf nicht zu begrenzen. Der auf die Umfassungsfläche bezogene Transmissionswärmeverlust wäre auf folgenden Wert zu begrenzen:
$\max H_T' = 0{,}76 \cdot (0{,}3 + 0{,}15 / 0{,}74) = 0{,}38$ W/(m²·K)

3.2.2 Heizperiodenbilanzverfahren (Vereinfachtes Verfahren für Wohngebäude)

3.2.2.1 Voraussetzungen, Randbedingungen und Anforderungen

Das Heizperiodenbilanzverfahren stellt unter vereinfachenden Annahmen die Wärmeverluste, die in einem betrachteten Gebäude bei vorgegebenen klimatischen Randbedingungen innerhalb einer Heizperiode entstehen, den Wärmegewinnen im gleichen Zeitraum gegenüber. Aus der Differenz dieser beiden Größen lassen sich der Jahres-Heizwärmebedarf und der Jahres-Heizenergiebedarf sowie unter Berücksichtigung der Heiz- und Lüftungsanlagentechnik auch der Jahres-Primärenergiebedarf ableiten.

Im Gegensatz zum Monatsbilanzverfahren (siehe Kap. 3.2.3) geht das Vereinfachte Verfahren von einer zeitlich festgesetzten Heizperiode aus, die für den Standort Deutschland repräsentativ ist. Für das Referenzklima Deutschland ergibt sich unter der Voraussetzung, dass ab einer Außentemperatur von +10 °C nicht mehr geheizt werden muss (Heizgrenztemperatur) und eine Raumlufttemperatur von +19 °C angestrebt wird, eine Heizperiode von 185 Tagen. Dies ist ein mittlerer Wert für Deutschland; bei ansonst gleichen Randbedingungen weist zum Beispiel Freiburg eine Heizperiode von 169 Tagen und Oberstdorf eine Heizperiode von 239 Tagen auf, die aber beim öffentlich-rechtlichen Nachweis der EnEV nicht in Ansatz gebracht werden dürfen.

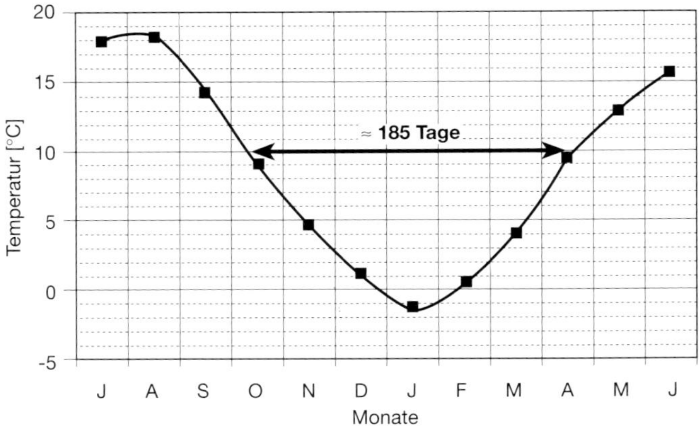

Bild 3.10: Referenzklima Deutschland

Das Vereinfachte Verfahren darf für Wohngebäude angewendet werden, deren Fensterflächenanteil 30 % nicht überschreitet. Der Fensterflächenanteil f errechnet sich nach Gleichung 3.10.

$$f = \frac{A_w}{A_w + A_{AW}} \qquad \text{(Gl. 3.10)}$$

Hierbei sind:

- A_W: Fläche der Fenster
- A_{AW}: Fläche der Außenwände

Werden Dachgeschosse beheizt, sind die Fensterflächen des beheizten Dachgeschosses der Fläche A_W hinzuzurechnen und die Flächen der wärmeübertragenden Dachschrägen der Fläche A_{AW}.

Für das bereits vorgestellte Beispielgebäude errechnet sich der Fensterflächenanteil zu (s. S. 75/76):

Fensterflächen A_W: $7 \cdot 2{,}00\ m \cdot 1{,}00\ m + 4{,}00\ m \cdot 2{,}00\ m = 22{,}00\ m^2$
Außenwände A_{AW}: $2 \cdot (32{,}00\ m^2 + 65{,}00\ m^2) + 113{,}12\ m^2 - 22{,}00\ m^2 = 285{,}12\ m^2$
Fensterflächenanteil f: $22{,}00/(22{,}00 + 285{,}12) = 0{,}072 \leq 0{,}30$

Wärmegewinne aus Glasvorbauten oder transparenten Wärmedämmungen (TWD) dürfen im Vereinfachten Verfahren nicht in Ansatz gebracht werden.

3.2.2.2

Grundlagen der Bilanzierung

Der Primärenergiebedarf eines Wohngebäudes ergibt sich nach DIN EN 832 [3.3] zu

$$Q_P = e_P \cdot (Q_h + Q_w) \qquad \text{(Gl. 3.11)}$$

Hierbei sind:

- ❒ Q_P: der auf die Heizperiode bezogene Jahres-Primärenergiebedarf
- ❒ Q_h: der auf die Heizperiode bezogene Jahres-Heizwärmebedarf
- ❒ Q_w: Nutzwärmebedarf für die Warmwasserbereitung (pauschal für Wohnhäuser: 12,5 kWh je m^2 Gebäudenutzfläche A_N pro Jahr)
- ❒ e_P: die primärenergiebezogene Gesamt-Anlagenaufwandszahl für Heizung, Warmwasserbereitung und raumlufttechnische Anlagen (vgl. Kap. 5.3)

Während die anlagentechnische Qualität eines Wohngebäudes im Wesentlichen durch die Anlagen-Aufwandszahl e_P beschrieben wird, beeinflusst die bautechnische Qualität vornehmlich den Jahres-Heizwärmebedarf Q_h. Dieser wird bestimmt aus der heizperiodenbezogenen Bilanzierung von Wärmegewinnen $(Q_s + Q_i)$ und Wärmeverlusten $(H_T + H_V)$. Im Vereinfachten Nachweisverfahren errechnet sich der Jahres-Heizwärmebedarf zu:

$$Q_h = 66 \cdot (H_T + H_V) - 0{,}95 \cdot (Q_s + Q_i) \qquad \text{(Gl. 3.12)}$$

Hierbei sind:

- ❒ Q_h: der Jahres-Heizwärmebedarf [kWh]
- ❒ H_T: die Transmissionswärmeverluste [W/K]
- ❒ H_V: die Lüftungswärmeverluste [W/K]
- ❒ Q_s: die solaren Wärmegewinne [kWh]
- ❒ Q_i: die internen Wärmegewinne [kWh]

Bei dieser Betrachtungsweise wird zugrunde gelegt, dass die Wärmegewinne aus solaren Einträgen und internen Wärmelasten während der Heizperiode nur zu etwa 95 % genutzt werden. Der Faktor für die Wärmeverluste berücksichtigt pauschal den Gradtagzahlfaktor Gt, der bei einer Heizgrenztemperatur von 10 °C und dem zugrunde gelegten Referenzklima 2900 K·d beträgt (siehe DIN V 4108-6, Tabelle A.2), und die baubedingten Einflüsse der Nachtabschaltung der Heizung mit einem Faktor von 95 %. Somit ergibt sich einheitenbereinigt für den Vorfaktor der Wärmeverluste

$$0{,}95 \cdot 2900 \cdot 0{,}024 = 66{,}12 \approx 66 \qquad \text{(Gl. 3.13)}$$

Wärmeverluste

Im Vereinfachten Nachweisverfahren der Heizperiodenbilanzierung werden bei der Bestimmung des Heizwärmebedarfs folgende Wärmeverluste rechnerisch berücksichtigt:
- ❒ Transmissionswärmeverluste
- ❒ Lüftungswärmeverluste

Transmissionswärmeverluste

Die Transmissionswärmeverluste, also die Wärmeverluste, die über die wärmetauschenden Flächen erfolgen, lassen sich vereinfachend nach Gl. 3.14 darstellen.

$$H_T = \sum (F_{xi} \cdot U_i \cdot A_i) + 0{,}05 \, \frac{W}{m^2 \cdot K} \cdot A \qquad \text{(Gl. 3.14)}$$

Hierbei sind:
- ❒ F_{xi}: Temperatur-Korrekturfaktoren [-]
- ❒ U_i: Wärmedurchgangskoeffizienten [W/(m²·K)]
- ❒ A_i: wärmetauschende Fläche i [m²]
- ❒ A: wärmetauschende Hüllfläche [m²]

Der Summand 0,05·A berücksichtigt dabei pauschal den Einfluss von Wärmebrücken wie
- ❒ Gebäudekanten,
- ❒ umlaufende Laibungen bei Fenstern und Türen,
- ❒ Wand- und Deckeneinbindungen,
- ❒ Deckenauflager
- ❒ und wärmetechnisch entkoppelte Balkonplatten.

Hierbei wird vorausgesetzt, dass die konstruktive Ausbildung des betrachteten Gebäudes den Details des Beiblatt 2 zu DIN 4108 [3.8] energetisch zumindest gleichwertig ist.

Für das betrachtete Beispielhaus ergeben sich die Transmissionswärmeverluste infolge von Wärmebrückeneffekten zu (s. S. 76):

$$\mathbf{H_{T,WB} = 0{,}05\ W/(m^2{\cdot}K) \cdot 387{,}12\ m^2 = 19{,}36\ W/K}$$

Der *Wärmedurchgangskoeffizient U* (früher k-Wert) berechnet sich für wärmetauschende Flächen nach DIN EN ISO 6946 [3.14] (vgl. Kap. 2.1.2). Die U-Werte für Fenster und Fenstertüren sind nach DIN EN ISO 10077-1 [3.15] oder vereinfachend nach DIN V 4108-4 [3.16] zu ermitteln.

DIN EN ISO 6946 gibt für eine Vielzahl von Konstruktionen Rechenvorschriften zur Bestimmung des Wärmedurchgangswiderstandes R_T an, aus dem der Wärmedurchgangskoeffizient U anhand der Gleichung 3.15 ermittelt wird.

$$U = \frac{1}{R_T} \qquad \text{(Gl. 3.15)}$$

Der Wärmedurchgangswiderstand eines Bauteils aus homogenen Schichten setzt sich entsprechend Gl. 3.16 bis Gl. 3.18 aus den Bemessungswerten der Wärmedurchlasswiderstände R der einzelnen Bauteilschichten, ggf. den Wärmedurchlasswiderständen von Luftschichten sowie den inneren und äußeren Wärmeübergangswiderständen zusammen.

$$R_T = R_{si} + R_1 + R_2 + \ldots + R_n + R_{se} \qquad \text{(Gl. 3.16)}$$

$$R_T = R_{si} + \sum R_i + R_{se} \qquad \text{(Gl. 3.17)}$$

$$R_T = R_{si} + \sum_i \frac{d_i}{\lambda_i} + R_{se} \qquad \text{(Gl. 3.18)}$$

Hierbei sind:

- R_{si} der innere Wärmeübergangswiderstand [$m^2 \cdot K/W$]
- R_{se} der äußere Wärmeübergangswiderstand [$m^2 \cdot K/W$]
- R_i der Wärmedurchlasswiderstand der Schicht i [$m^2 \cdot K/W$]
- d_i die Dicke der Schicht i [m]
- λ_i der Bemessungswert der Wärmeleitfähigkeit des Baustoffs der Schicht i [W/(m·K)]

Die Bemessungswerte können DIN EN 12524 [3.17], DIN V 4108-4 oder Tabellenwerken der Baustoffhersteller entnommen werden. Die Wärmeübergangswiderstände für ebene Oberflächen üblicher Anwendungsfälle sind Tafel 3.9 zu entnehmen. Für an das Erdreich grenzende Bauteile ist im Vereinfachten Verfahren der äußere Wärmeübergangskoeffizient gleich Null zu setzen.

Tafel 3.9: Wärmeübergangswiderstände in $m^2 \cdot K / W$

	Richtung des Wärmestroms		
	aufwärts	horizontal	abwärts
R_{si}	0,10	0,13	0,17
R_{se}	0,04	0,04	0,04
Beispiele:	Dächer, Übergang zu unbeheizten Dachgeschossen	Außenwände, Übergang zu unbeheizten Räumen	Kellersohle, Übergang zu unbeheizten Kellerräumen

Als Beispiel:
Für eine 20 cm dicke unbewehrte Betonwand ($\rho = 2200\ kg/m^3$, $\lambda = 1{,}65\ W/(m \cdot K)$) ergibt sich zum Beispiel ein Wärmedurchgangswiderstand von

$$R_T = 0{,}13 + \frac{0{,}200}{1{,}65} + 0{,}04 = 0{,}291 \cdot \frac{m^2 \cdot K}{W}$$

und ein Wärmedurchgangskoeffizient von

$$U = \frac{1}{R_T} = \frac{1}{0{,}291} = 3{,}44 \frac{W}{m^2 \cdot K}$$

Die Berechnungen von Wärmedurchgangswiderständen sind auf mindestens drei Dezimalstellen anzugeben; die Endergebnisse des Wärmedurchgangskoeffizienten sind auf zwei Dezimalstellen zu runden. Eine Korrektur des Wärmedurchgangskoeffizienten um einen Korrekturterm ΔU ist vorzunehmen bei

- ❐ Luftspalten im Bauteil
- ❐ Mechanischen Befestigungselementen, die Bauteilschichten durchdringen
- ❐ Niederschlag auf Umkehrdächern

Tafel 3.10: Temperatur-Korrekturfaktoren F_{xi}

Wärmestrom nach außen über Bauteil i	Temperatur-Korrekturfaktor F_{xi}
Außenwand, Fenster	1
Dach (als Systemgrenze)	1
oberste Geschossdecke (Dachraum nicht ausgebaut)	0,8
Abseitenwand (Drempelwand)	0,8
Wände und Decken zu unbeheizten Räumen	0,5
unterer Gebäudeabschluss: – Kellerdecke/-wände zu unbeheiztem Keller – Fußboden auf Erdreich – Flächen des beheizten Kellers gegen Erdreich	0,6

Hinweise zur Berücksichtigung dieser Einflüsse sind in [3.14] angegeben. Der korrigierte Wärmedurchgangskoeffizient U_c ergibt sich dann zu

$$U_c = U + \Delta U \qquad \text{(Gl. 3.19)}$$

Der Einfluss der Lage und der Orientierung des Bauteils auf den Wärmestrom wird im vereinfachten Heizperiodenbilanzverfahren durch Temperatur-Korrekturfaktoren F_{xi} (Tafel 3.10) berücksichtigt.

Die wärmeübertragenden Bauteile des Beispielhauses haben die nachfolgend aufgeführten Schichtenfolgen und die daraus resultierenden Wärmedurchgangskoeffizienten:

Bauteil: Außenwand (von innen nach außen)

Schicht Nr.	Baustoff	ρ [kg/m³]	d [m]	λ [W/(m·K]	R_i [m² · K/W]
1	Kalkzementputz	1800	0,015	1,0	0,015
2	Stahlbeton (2 % Stahl)	2400	0,15	2,5	0,060
3	Wärmedämmung (PS-Hartschaum WLG 040)	35	0,15	0,040	3,750
4	Kunstharzputz	1100	0,015	0,70	0,021
				ΣR_i	3,846
	innerer Wärmeübergangswiderstand			R_{si}	0,13
	äußerer Wärmeübergangswiderstand			R_{se}	0,04
				R_T	4,016
				$U = 1/R_T$ [W/(m²·K)]	**0,25**

Bauteil: Bodenplatte (von oben nach unten)

Schicht Nr.	Baustoff	ρ [kg/m³]	d [m]	λ [W/(m·K]	R_i [m² · K / W]
1	Zementestrich	2000	0,04	1,4	0,029
2	Trittschalldämmung (PS-Hartschaum WLG 035)	35	0,04	0,035	1,143
3	Stahlbetonplatte	2400	0,15	2,5	0,060
4	Wärmedämmung (PS-Hartschaum WLG 040)	35	0,10	0,040	2,500
				ΣR_i	3,732
	innerer Wärmeübergangswiderstand			R_{si}	0,17
	äußerer Wärmeübergangswiderstand			R_{se}	0,00
				R_T	3,902
				$U = 1/R_T$ [W/(m²·K)]	**0,26**

Bauteil: Massivdach (von innen nach außen)

Schicht Nr.	Baustoff	ρ [kg/m³]	d [m]	λ [W/(m·K]	R_i [m² · K / W]
1	Stahlbetonplatte	2400	0,06	2,500	0,024
2	Wärmedämmung (PS-Hartschaum WLG 035)	35	0,22	0,035	6,286
3	Luftschicht		0,07		0,130
4	Dacheindeckung				0,000
				ΣR_i	6,440
	innerer Wärmeübergangswiderstand			R_{si}	0,10
	äußerer Wärmeübergangswiderstand			R_{se}	0,04
				R_T	6,580
				$U = 1/R_T$ [W/(m²·K)]	**0,15**

Fenster und Fenstertüren

Für die Berechnung der Wärmedurchgangskoeffizienten U_w von Fenstern und Fenstertüren ergeben sich grundsätzlich zwei Möglichkeiten. Zum einen kann der U-Wert U_w nach DIN EN ISO 10077-1 [3.15] gemäß Gl. 3.20 ermittelt werden.

$$U_w = \frac{A_g \cdot U_g + A_f \cdot U_{f,BW} + l_g \cdot \psi_g}{A_g + A_f} \quad \text{(Gl. 3.20)}$$

Hierbei sind:

- ❒ U_g der Bemessungswert des Wärmedurchgangskoeffizienten der Verglasung
- ❒ $U_{f,BW}$ der Bemessungswert des Wärmedurchgangskoeffizienten des Rahmens
- ❒ ψ_g der längenbezogene Wärmedurchgangskoeffizient des Randverbunds
- ❒ l_g die Länge des Randverbunds
- ❒ A_g die Fläche der Verglasung (lichtes Maß)
- ❒ A_f die Fläche des Rahmens

Die Erfassung der drei wesentlichen Transmissionswärme-Verlustquellen von Fenstern und Fenstertüren (Verglasung, Rahmen und Randverbund) bedingt eine von der Fenstergeometrie und Fensterkonstruktion abhängige individuelle Ermittlung der Wärmedurchgangskoeffizienten der Fenster.

Eine anwenderfreundlichere Variante zur Ermittlung der Wärmedurchgangskoeffizienten von Fenstern bietet DIN V 4108-4. Auf einem Fenster der Größe von 1,23 m · 1,48 m basierend, werden dort für unterschiedliche Rahmen-Verglasungs-Kombinationen Nennwerte der Wärmedurchgangskoeffizienten von Fenstern und Fenstertüren angegeben (Tafeln 3.11 und 3.12). Vergleichsrechnungen haben gezeigt, dass diese tabellierten Werte auch für andere im Wohnungsbau übliche Fenstergrößen anwendbar sind. Mit Hilfe von Korrekturwerten ΔU_w, die Besonderheiten des Glases, Besonderheiten des Randverbunds und Sprossen berücksichtigen, können Bemessungswerte für U_w ermittelt werden.

$U_{f,BW}$ nach Tafel 3.13 [W/(m²·K)]		0,8	1,0	1,2	1,4	1,8	2,2	2,6	3,0	3,4	3,8	7,0
Art der Verglasung	U_g [W/(m²·K)]	U_w [W/(m²·K)]										
Einfachglas	5,7	4,2	4,3	4,3	4,4	4,5	4,6	4,8	4,9	5,0	5,1	6,1
Zwei-scheiben-Isolier-vergla-sung	3,3	2,6	2,7	2,8	2,8	2,9	3,1	3,2	3,4	3,5	3,6	4,4
	3,2	2,6	2,6	2,7	2,8	2,9	3,0	3,2	3,3	3,4	3,5	4,3
	3,1	2,5	2,6	2,6	2,7	2,8	2,9	3,1	3,2	3,3	3,5	4,3
	3,0	2,4	2,5	2,6	2,6	2,7	2,9	3,0	3,1	3,3	3,4	4,2
	2,9	2,4	2,4	2,5	2,5	2,7	2,8	3,0	3,1	3,2	3,3	4,1
	2,8	2,3	2,4	2,4	2,5	2,6	2,7	2,9	3,0	3,1	3,3	4,1
	2,7	2,2	2,3	2,3	2,4	2,5	2,6	2,8	2,9	3,1	3,2	4,0
	2,6	2,2	2,3	2,3	2,4	2,5	2,6	2,8	2,9	3,0	3,1	4,0
	2,5	2,1	2,3	2,3	2,3	2,4	2,6	2,7	2,8	3,0	3,1	3,9
	2,4	2,1	2,2	2,2	2,2	2,4	2,5	2,7	2,8	2,9	3,0	3,8
	2,3	2,0	2,1	2,1	2,2	2,3	2,4	2,6	2,7	2,8	2,9	3,8
	2,2	1,9	2,0	2,0	2,1	2,2	2,3	2,5	2,6	2,8	2,9	3,7
	2,1	1,9	2,0	2,0	2,0	2,2	2,3	2,4	2,5	2,7	2,8	3,6
	2,0	1,8	1,9	1,9	2,0	2,1	2,2	2,4	2,5	2,6	2,7	3,6
	1,9	1,7	1,8	1,8	1,9	2,0	2,1	2,3	2,4	2,5	2,7	3,5
	1,8	1,6	1,7	1,8	1,8	1,9	2,1	2,2	2,4	2,5	2,6	3,4
	1,7	1,6	1,6	1,7	1,8	1,9	2,0	2,2	2,3	2,4	2,5	3,3
	1,6	1,5	1,6	1,6	1,7	1,8	1,9	2,1	2,2	2,3	2,5	3,3
	1,5	1,4	1,5	1,6	1,6	1,7	1,9	2,0	2,1	2,3	2,4	3,2
	1,4	1,4	1,4	1,5	1,5	1,7	1,8	2,0	2,1	2,2	2,3	3,1
	1,3	1,3	1,4	1,4	1,5	1,6	1,7	1,9	2,0	2,1	2,2	3,1
	1,2	1,2	1,3	1,3	1,4	1,5	1,7	1,8	1,9	2,1	2,2	3,0
	1,1	1,2	1,2	1,3	1,3	1,5	1,6	1,7	1,9	2,0	2,1	2,9
	1,0	1,1	1,1	1,2	1,3	1,4	1,5	1,7	1,8	1,9	2,0	2,9

Tafel 3.11: Nennwerte der Wärmedurchgangskoeffizienten von Fenstern und Fenstertüren U_w mit Einfachverglasung und Zweischeiben-Isolierverglasung in Abhängigkeit vom Nennwert des Wärmedurchgangskoeffizienten für Verglasung U_g und vom Bemessungswert des Wärmedurchgangskoeffizienten des Rahmens $U_{f,BW}$

←

Tafel 3.12: Nennwerte der Wärmedurchgangskoeffizienten von Fenstern und Fenstertüren U_w mit Dreischeiben-Isolierverglasung in Abhängigkeit vom Nennwert des Wärmedurchgangskoeffizienten für Verglasung U_g und vom Bemessungswert des Wärmedurchgangskoeffizienten des Rahmens $U_{f,BW}$

$U_{f,BW}$ nach Tafel 3.13 [W/(m²·K)]		0,8	1,0	1,2	1,4	1,8	2,2	2,6	3,0	3,4	3,8	7,0
Art der Verglasung	U_g [W/(m²·K)]	U_w [W/(m²·K)]										
Dreischeiben-Isolierverglasung	2,3	1,9	2,0	2,1	2,1	2,2	2,4	2,5	2,7	2,8	2,9	3,7
	2,2	1,9	1,9	2,0	2,1	2,2	2,3	2,5	2,6	2,7	2,8	3,6
	2,1	1,8	1,9	1,9	2,0	2,1	2,2	2,4	2,5	2,6	2,8	3,6
	2,0	1,7	1,8	1,9	1,9	2,0	2,2	2,3	2,5	2,6	2,7	3,5
	1,9	1,7	1,7	1,8	1,8	2,0	2,1	2,3	2,4	2,5	2,6	3,4
	1,8	1,6	1,7	1,8	1,8	1,9	2,1	2,2	2,4	2,5	2,6	3,4
	1,7	1,6	1,6	1,7	1,7	1,8	1,9	2,1	2,2	2,4	2,5	3,3
	1,6	1,5	1,6	1,6	1,7	1,8	1,9	2,1	2,2	2,3	2,5	3,3
	1,5	1,4	1,5	1,6	1,6	1,7	1,9	2,0	2,1	2,3	2,4	3,2
	1,4	1,4	1,4	1,5	1,5	1,7	1,8	2,0	2,1	2,2	2,3	3,1
	1,3	1,3	1,4	1,4	1,5	1,6	1,7	1,9	2,0	2,1	2,2	3,1
	1,2	1,2	1,3	1,3	1,4	1,5	1,7	1,8	1,9	2,1	2,2	3,0
	1,1	1,2	1,2	1,3	1,3	1,5	1,6	1,7	1,9	2,0	2,1	2,9
	1,0	1,1	1,1	1,2	1,3	1,4	1,5	1,7	1,8	1,9	2,0	2,9
	0,9	1,0	1,1	1,1	1,2	1,3	1,4	1,6	1,7	1,8	2,0	2,8
	0,8	0,9	1,0	1,1	1,1	1,3	1,4	1,5	1,7	1,8	1,9	2,7
	0,7	0,9	0,9	1,0	1,1	1,2	1,3	1,5	1,6	1,7	1,8	2,6
	0,6	0,8	0,9	0,9	1,0	1,1	1,2	1,4	1,5	1,6	1,8	2,6
	0,5	0,7	0,8	0,9	0,9	1,0	1,2	1,3	1,4	1,6	1,7	2,5

Tafel 3.13: Zuordnung der U_f-Werte von Einzelprofilen zu einem $U_{f,BW}$-Bemessungswert für Rahmen

U_f-Werte für Einzelprofile [W/(m²·K)]		$U_{f,BW}$-Bemessungswert [W/(m²·K)]
	< 0,9	0,8
≥ 0,9	< 1,1	1,0
≥ 1,1	< 1,3	1,2
≥ 1,3	< 1,6	1,4
≥ 1,6	< 2,0	1,8
≥ 2,0	< 2,4	2,2
≥ 2,4	< 2,8	2,6
≥ 2,8	< 3,2	3,0
≥ 3,2	< 3,6	3,4
≥ 3,6	< 4,0	3,8
	≥ 4,0	7,0

Ist als Kennwert nach bauaufsichtlichen Übereinstimmungs- und Verwendbarkeitsregelungen nur eine Rahmenmaterialgruppe nach DIN V 4108-4: 1998-10, Tabelle 2 angegeben, können folgende Bemessungswerte des Wärmedurchgangskoeffizienten des Rahmens verwendet werden:

- Rahmenmaterialgruppe 1: $U_{f,BW} = 2{,}2$ W/(m²·K)
- Rahmenmaterialgruppe 2.1: $U_{f,BW} = 3{,}0$ W/(m²·K)
- Rahmenmaterialgruppe 2.2: $U_{f,BW} = 3{,}8$ W/(m²·K)
- Rahmenmaterialgruppe 2.3: $U_{f,BW} = 7{,}0$ W/(m²·K)
- Rahmenmaterialgruppe 3: $U_{f,BW} = 7{,}0$ W/(m²·K)

Bezeichnung des Korrekturwerts	Korrekturwert ΔU_w [W/(m²·K)]	Grundlage
Glasbeiwert	+ 0,1	bei Verwendung einer Verglasung ohne ergänzende Anforderungen an die Überwachung bei der Fertigung (nach DIN V 4108-4, Anhang B)
	± 0,0	bei Verwendung einer Verglasung mit ergänzenden Anforderungen an die Überwachung bei der Fertigung (nach DIN V 4108-4, Anhang B)
Korrektur für wärmetechnisch verbesserten Randverbund des Glases	- 0,1	Randverbund erfüllt Anforderungen nach DIN V 4108-4, Anhang C
	± 0,0	Randverbund erfüllt Anforderungen nach DIN V 4108-4, Anhang C nicht
Korrekturen für Sprossen		Abweichung in den Berechnungsannahmen
• aufgesetzte Sprossen	± 0,0	
• Sprossen im Scheibenzwischenraum (einfaches Sprossenkreuz)	+ 0,1	
• Sprossen im Scheibenzwischenraum (mehrfaches Sprossenkreuz)	+ 0,2	
• glasteilende Sprossen	+ 0,3	
sofern bei Berechnung oder Messung des Wärmedurchgangskoeffizienten bereits berücksichtigt	± 0,0	

Tafel 3.14: Korrekturwerte ΔU_w zur Anwendung bei der Berechnung mit den Bemessungswerten von U_w

Für das betrachtete Beispielgebäude wird angenommen, dass sämtliche Fenster baugleich sind. Der Bemessungswert $U_{f,BW}$ für die Fensterrahmen beträgt 1,8 W/(m²·K) und der Bemessungswert U_g für die Zweischeiben-Isolierverglasung 1,6 W/(m²·K). Daraus ergibt sich anhand von Tafel 3.11 ein Wärmedurchgangskoeffizient für die Fenster von 1,8 W/(m²·K). Für die Haustür wird ein Wert von 2,8 W/(m²·K) angesetzt.

Die Transmissionswärmeverluste H_T ergeben sich für das Beispielgebäude zu (s. S. 75/76):

Bauteil	U_i [W/(m²·K)]	A_i [m²]	F_{xi} [-]	H_{Ti} [W/K]
Außenwand Nord (ohne Fenster)	0,25	28,00	1,00	7,00
Außenwand Süd (ohne Fenster)	0,25	24,00	1,00	6,00
Außenwand West (ohne Fenster)	0,25	59,00	1,00	14,75
Außenwand Ost (ohne Fenster)	0,25	59,00	1,00	14,75
Summe Außenwände				**42,50**
Fenster Nord	1,8	2,00	1,00	3,60
Fenster Süd	1,8	8,00	1,00	14,40
Fenster West	1,8	6,00	1,00	10,80
Fenster Ost	1,8	6,00	1,00	10,80
Summe Fenster				**39,60**
Haustür	2,80	2,00	1,00	**5,60**
Bodenplatte	0,26	80,00	0,60	**12,48**
Dach	0,15	113,12	1,00	**16,97**
Wärmebrücken				**19,36**
Summe				**136,51**

Lüftungswärmeverluste

Neben den Transmissionswärmeverlusten stellen die Lüftungswärmeverluste H_V den maßgeblichen Anteil der Wärmeverluste von Wohngebäuden dar. Im vereinfachten Heizperiodenbilanzverfahren werden die Lüftungswärmeverluste in Folge freier Lüftung (Fensterlüftung) in Abhängigkeit des beheizten Gebäudevolumens V_e (Gl. 3.21) bestimmt.

$$H_V = 0{,}19 \cdot V_e \text{ [W/K]} \qquad \text{(Gl. 3.21)}$$

Das beheizte Gebäudevolumen V_e (Bruttovolumen) ergibt sich aus den Außenabmessungen der wärmeübertragenden Umfassungsfläche. Liegt ein Dichtheitsnachweis des Gebäudes nach DIN EN 13829 [3.11] vor, darf dies bei der Ermittlung der Lüftungswärmeverluste gemäß Gl. 3.22 berücksichtigt werden.

$$H_V = 0{,}163 \cdot V_e \text{ [W/K]} \qquad \text{(Gl. 3.22)}$$

Die Vorfaktoren der Gleichungen 3.21 und 3.22 ergeben sich durch Zusammenfassung der Gleichung 3.23

$$H_V = n \cdot V \cdot \rho_L \cdot c_{pl} \text{ [W/K]} \qquad \text{(Gl. 3.23)}$$

Hierbei sind:

- n: Luftwechselrate
  - mit Nachweis der Dichtheit: $n = 0{,}6\ h^{-1}$
  - ohne Nachweis der Dichtheit: $n = 0{,}7\ h^{-1}$
- V: Nettovolumen (belüftetes Volumen) des Gebäudes $0{,}8 \cdot V_e$
- $\rho_L \cdot c_{pl}$: $0{,}34\ Wh/(m^2 \cdot K)$

Der mögliche Einfluss raumlufttechnischer Anlagen auf die Luftwechselrate und somit auf die Lüftungswärmeverluste bleibt beim vereinfachten Heizperiodenbilanzverfahren unberücksichtigt.

Für das betrachtete Beispielhaus (s. S. 75/76) ergeben sich die Lüftungswärmeverluste zu:

Ohne Nachweis der Gebäudedichtheit:

$$H_V = 0{,}19\ W/(m^3 \cdot K) \cdot 520\ m^3 = 98{,}8\ W/K$$

Mit Nachweis der Gebäudedichtheit:

$$H_V = 0{,}163\ W/(m^3 \cdot K) \cdot 520\ m^3 = 84{,}8\ W/K$$

3.2.2.4 Wärmegewinne

Als Wärmegewinne werden die internen Wärmegewinne und die solaren Wärmegewinne durch Fenster in der Bilanzierung in Rechnung gestellt.

Interne Wärmegewinne

Die durch die Nutzung der Gebäude durch Menschen und Geräte entstehenden internen Wärmegewinne werden vereinfachend entsprechend

Gl. 3.25 über die Nutzfläche A_N erfasst. Der Multiplikator ergibt sich unter Annahme eines mittleren täglichen Wärmegewinns von 5 W/m², einer Heizperiode von 185 Tagen sowie der Einheitenbereinigung zu

$$5\frac{W}{m^2}\cdot 185\ d\cdot 0{,}024 = 22{,}2 \cong 22\frac{kWh}{m^2} \qquad \text{(Gl. 3.24)}$$

Die internen Wärmegewinne ergeben sich somit zu

$$Q_i = 22 \cdot A_N \qquad \text{(Gl. 3.25)}$$

Die Nutzfläche A_N wird dabei für Wohngebäude entsprechend Gleichung 3.26 aus dem beheizten Gebäudevolumen V_e errechnet.

$$A_N = 0{,}32 \cdot V_e \qquad \text{(Gl. 3.26)}$$

Für das betrachtete Beispielhaus (s. S. 75/76) ergeben sich die internen Wärmegewinne zu:

Nutzfläche A_N: $0{,}32\ m^{-1} \cdot 520{,}00\ m^3 = 166{,}40\ m^2$

$Q_i = 22\ kWh/m^2 \cdot 166{,}4\ m^2 =$ **3660,8 kWh**

Solare Wärmegewinne

Die solaren Wärmeeinträge durch Fenster stellen Wärmegewinne dar und reduzieren den Heizwärmebedarf während der Heizperiode. Die Größe der solaren Wärmeeinträge hängt ab von

- der Fensterflächengröße
- der Orientierung der Fensterflächen
- der Neigung der Fensterflächen
- dem Gesamtenergiedurchlassgrad g_i des Fensterglases sowie
- dem Standort des Gebäudes

Die Einflüsse aus Orientierung und Neigung der Fensterflächen sowie des Referenzstandortes sind in den Werten der mittleren Strahlungsintensitäten ($I_s \cdot t$) bei einer Heizperiode von 185 Tagen für das Referenzklima Deutschland berücksichtigt (Tafel 3.15).

Die Fensterflächengröße wird anhand der lichten Fassadenöffnungsmaße ermittelt. Der Rahmeneinfluss wird bei der Ermittlung der solaren Wärmegewinne durch einen pauschalen Abschlag von 30 % (siehe Gl. 3.27) berücksichtigt. Ebenso wird eine fiktive Verschattung der Fensterflächen von 10 % in der Berechnung berücksichtigt.

Anhaltswerte für den Gesamtenergiedurchlassgrad $g_\perp$ für senkrechte Einstrahlung verschiedener Verglasungen sind Tafel 3.16 oder technischen Produktspezifikationen zu entnehmen.

Fensterflächenorientierung	solare Einstrahlung $\Sigma(I_s)_{j,HP}$ [kWh/(m²·a)]
Südost bis Südwest	270
Nordwest bis Nordost	100
übrige Richtungen	155
Dachflächenfenster mit Neigungen < 30 °	225

Dachflächenfenster mit Neigungen ≥ 30 ° gegenüber der Horizontalen sind hinsichtlich der Orientierung wie senkrechte Fenster zu behandeln.

Tafel 3.15: Werte der solaren Einstrahlung für das Referenzklima Deutschland

Verglasung	Gesamtenergiedurchlassgrad $g_\perp$
Einfachverglasung	0,87
Doppelverglasung	0,75
Wärmeschutzverglasung, doppelverglast mit selektiver Beschichtung	0,50 bis 0,70
Dreifachverglasung, normal	0,60 bis 0,70
Dreifachverglasung, mit 2-fach selektiver Beschichtung	0,35 bis 0,50
Sonnenschutzverglasung	0,20 bis 0,50

Tafel 3.16: Richtwerte für den Gesamtenergiedurchlassgrad $g_\perp$ von Verglasungen, nach [3.4]

Für das vereinfachte Heizperiodenbilanzverfahren ergeben sich die solaren Wärmegewinne Q_s dann wie folgt:

$$Q_s = \sum_j \left((I_s)_{j,HP} \cdot \sum_i 0{,}567 \cdot g_i \cdot A_i \right) \qquad \text{(Gl. 3.27)}$$

Der Faktor in Gl. 3.27 ergibt sich durch Multiplikation des Verschattungsfaktors (0,9), des Abminderungsfaktors für nicht senkrechte Einstrahlung (0,9) und des Abminderungsfaktors für den Rahmen (0,7).

Gleichung 3.27 macht in Verbindung mit den Werten der Tafel 3.15 deutlich, dass allein durch die Orientierung der Fenster eines Gebäudes die solaren Gewinne deutlich gesteigert werden können. Bei gleichen Abmessungen und gleicher Verglasung sind die solaren Gewinne eines Südfensters etwa 74 % größer als die solaren Gewinne eines Ost- oder Westfensters und sogar 170 % größer als die eines Nordfensters.

Für das betrachtete Beispielhaus (s. S. 75/76) wird angenommen, dass die Fenster mit einer Wärmeschutzverglasung (g = 0,63) ausgestattet sind. Die solaren Wärmegewinne ergeben sich zu:

Südseite:

$Q_{s,Süd}$ = 270 kWh/(m²·a) · 0,567 · 0,63 · 2,00 m · 4,00 m = 771,6 kWh/a

Nordseite:

$Q_{s,Nord}$ = 100 kWh/(m²·a) · 0,567 · 0,63 · 1,00 m · 2,00 m = 71,4 kWh/a

Westseite:

$Q_{s,West}$ = 155 kWh/(m²·a) · 0,567 · 0,63 · 3 · 1,00 m · 2,00 m = 332,2 kWh/a

Ostseite:

$Q_{s,Ost}$ = 155 kWh/(m²·a) · 0,567 · 0,63 · 3 · 1,00 m · 2,00 m = 332,2 kWh/a

Gesamt:

Q_s = **= 1507,4 kWh/a**

3.2.2.5

Bilanzierung

Nachdem sämtliche Wärmeverluste und Wärmegewinne ermittelt worden sind, können der Heizwärmebedarf, die auf die wärmeübertragende Umfassungsfläche bezogenen Transmissionswärmeverluste und der Primärenergiebedarf ermittelt werden.

Der Jahresheizwärmebedarf des Beispielgebäudes (s. S. 75/76) ergibt sich mit Hilfe der Bilanzierungsgleichung

$$Q_h = 66 \cdot (H_T + H_V) - 0{,}95 \cdot (Q_s + Q_i)$$

zu:

	Transmissionswärmeverluste, (S. 92)	66 · 136,51 =	9009,7 kWh
+	Lüftungswärmeverluste (mit nachgewiesener Gebäudedichte), (S. 93)	66 · 84,8 =	+ 5596,8 kWh
–	interne Wärmegewinne, (S. 94)	0,95 · 3660,8 =	– 3477,8 kWh
–	solare Wärmegewinne, (S. 96)	0,95 · 1507,4 =	– 1432,0 kWh
=	Heizwärmebedarf		= **9696,7 kWh**
	Heizwärmebedarf bezogen auf die Gebäudenutzfläche A_N	9696,7 / 166,4 =	58,27 kWh/(m² · a)
	spezifischer, auf die wärmeübertragende Umfassungsfläche bezogener Transmissionswärmeverlust $H_{T'}$	136,51 / 387,12 =	0,353 W/(m² · K)

Der zulässige auf die wärmeübertragende Umfassungsfläche bezogene Transmissionswärmeverlust ergibt sich bei einem A/V_e-Wert von $0{,}74\ m^{-1}$ zu

$$zul\ H_T' = 0{,}3 + 0{,}15 / 0{,}74 = 0{,}50\ W/(m^2 \cdot K),$$ (s. S. 77)

Dieser Wert liegt deutlich über dem vorhandenen Wert von $0{,}35\ W/(m^2 \cdot K)$.

Der auf die Gebäudenutzfläche bezogene Jahres-Primärenergiebedarf ergibt sich aus dem Heizwärmebedarf, dem Wärmebedarf für die Warmwasserbereitung (pauschal $12{,}5\ kWh/(m^2 \cdot a)$) und der Anlagen-Aufwandszahl e_P.

$$Q_P'' = e_P\,(58{,}27 + 12{,}5) = e_P \cdot 70{,}77\ kWh/(m^2 \cdot a)$$

Der zulässige Jahres-Primärenergiebedarf beträgt bei einem A/V_e-Wert von $0{,}74\ m^{-1}$ nach Tafel 3.7, (s. S. 77)

$$zul.\ Q_P'' = 50{,}94 + 75{,}29 \cdot 0{,}74 + 2600/(100 + 166{,}4) = 116{,}41\ kWh/(m^2 \cdot a)$$

Hieraus ergibt sich, dass die Anlagen-Aufwandszahl e_p einen maximalen Wert von $116{,}41/70{,}77 = 1{,}64$ annehmen darf, um den Anforderungen der EnEV zu genügen. Bei einem Jahresheizwärmebedarf von $58{,}27\ kWh/(m^2 \cdot a)$ und einer Gebäudenutzfläche von etwa $166\ m^2$ ergeben sich für die in DIN 4701-10 aufgeführten Beispielheizanlagen folgende Anlagen-Aufwandszahlen:

Anlage 1: NT-Kessel 70/55 °C im unbeheizten Bereich, Verteilung im unbeheizten Bereich, Stränge innen liegend, Radiator mit Thermostatventil 1K; Trinkwarmwasser durch indirekt beheizten Speicher im unbeheizten Bereich mit Zirkulationspumpe, mehrere Räume mit mehreren Zapfstellen	e_p = 1,82
Anlage 2: BW-Kessel 55/45 °C im unbeheizten Bereich, Verteilung im unbeheizten Bereich, Stränge innen liegend, Radiator mit Thermostatventil 1K; Trinkwarmwasser durch indirekt beheizten Speicher im unbeheizten Bereich mit Zirkulationspumpe, mehrere Räume mit mehreren Zapfstellen	e_p = 1,68
Anlage 3: BW-Kessel 55/45 °C im unbeheizten Bereich, Verteilung im unbeheizten Bereich, Stränge innen liegend, Radiator mit Thermostatventil 1K; Trinkwarmwasser durch indirekt beheizten Speicher im unbeheizten Bereich mit Zirkulationspumpe, mehrere Räume mit mehreren Zapfstellen, Solaranlage zur Trinkwarmwasserbereitung	e_p = 1,18
Anlage 4: BW-Kessel 55/45 °C im beheizten Bereich, Verteilung im beheizten Bereich, Stränge innen liegend, Radiator mit Thermostatventil 1K; Trinkwarmwasser durch indirekt beheizten Speicher im beheizten Bereich mit Zirkulationspumpe, mehrere Räume mit mehreren Zapfstellen	e_p = 1,32
Anlage 5: Wärmepumpe 35/28 °C im unbeheizten Bereich, Verteilung im unbeheizten Bereich, Stränge innen liegend, Fußbodenheizung mit Einzelraumregelung; Trinkwarmwasser: elektrischer Klein-Speicher für einen Raum mit mehreren Zapfstellen, elektronischer Durchlauferhitzer für einen Raum mit einer Zapfstelle	e_p = 1,09
Anlage 6: Elektro-Speicher-Heizung dezentral; Trinkwarmwasser: elektrischer Klein-Speicher für einen Raum mit mehreren Zapfstellen, elektronischer Durchlauferhitzer für einen Raum mit einer Zapfstelle	e_p = 2,74 (e_p = 2,00 für die ersten acht Jahre nach Inkrafttreten der Verordnung)

Die Berechnung mit dem „Vereinfachten Verfahren" zeigt, dass bei dem betrachteten Gebäude eine leistungsfähige Heizungsanlage erforderlich wird, um den Anforderungen der Verordnung gerecht zu werden. Eine verbreitete Heizanlage (NT-Kessel oder Brennwertkessel) könnte dann ausreichend sein, wenn weitere energetische Verbesserungen (Außenwand, Fenster, Dach) der Gebäudehülle vorgenommen würden.

An dieser Stelle wird das Zusammenwirken von Anlagen- und Bautechnik im Rahmen der neuen Nachweisführung deutlich. Der Planer hat jedoch auch die Möglichkeit, durch detailliertere Betrachtungen die energetische Qualität eines Gebäudes und seiner Anlagentechnik einer exakteren Nachweisführung, dem Monatsbilanzverfahren, zugänglich zu machen.

3.2.2.6 Endenergiebedarf

Wohnungsnutzer können den in der Energieeinsparverordnung nachzuweisenden Primärenergiebedarf nur bedingt ihrem Energieverbrauch gegenüberstellen, da in den Primärenergiebedarf die energetische Vorkette des Energieträgers mit einfließt. Den Nutzer interessiert vielmehr der Endenergiebedarf, also die Energie, die an der Grundstücksgrenze unter normierten Randbedingungen übergeben werden müsste und die schon eher mit der Abrechnung seines Energielieferanten (Endenergieverbrauch) vergleichbar ist. Dieser Endenergiebedarf ist notwendige Angabe im Energiebedarfsausweis. Das Beiblatt 1 zu DIN V 4701-10 [3.13] weist für die 71 vorgestellten heiz- und raumlufttechnischen Anlagen die flächenbezogenen Endenergie-Wärmeenergiewerte $q_{WE,W}$ aus. Bild 3.11 zeigt beispielhaft für eine Heizanlage mit Brennwert-Kessel und gebäudezentraler Trinkwassererwärmung, wie in Abhängigkeit der

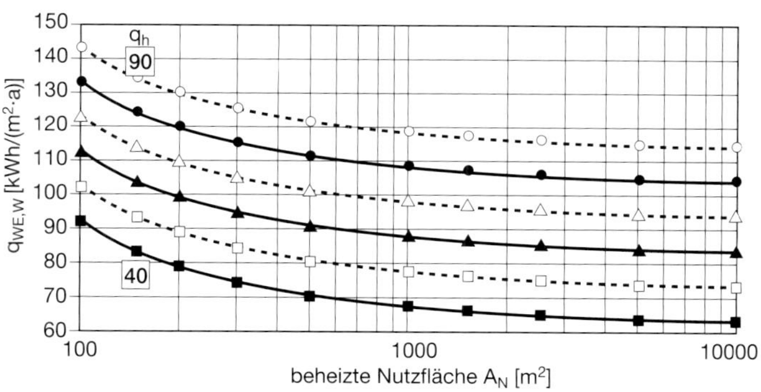

Bild 3.11: Ermittlung der flächenbezogenen Endenergie-Wärmeenergie $q_{WE,W}$ mit Hilfe von Diagrammen für Anlagensysteme mit Standardkomponenten (hier: Brennwert-Kessel mit gebäudezentraler Trinkwassererwärmung)

beheizten Nutzfläche A_N und dem Heizwärmebedarf q_h die flächenbezogene Endenergie $q_{WE,W}$ bestimmt werden kann.

Für das Beispielgebäude (A_N = 166,7 m²; q_h = 58,27 kWh/(m² · a)) ergeben sich folgende Endenergiewerte $q_{WE,W}$:

Anlage 1:	**$q_{WE,W}$ = 109,5 kWh/(m²·a)**
Anlage 2:	**$q_{WE,W}$ = 100,0 kWh/(m²·a)**
Anlage 3:	**$q_{WE,W}$ = 69,0 kWh/(m²·a)**
Anlage 4:	**$q_{WE,W}$ = 69,9 kWh/(m²·a)**
Anlage 5:	**$q_{WE,W}$ = 20,7 kWh/(m²·a)**
Anlage 6:	**$q_{WE,W}$ = 62,9 kWh/(m²·a)**

3.2.3 Monatsbilanzverfahren

Neben dem „Vereinfachten Verfahren“ bietet die Energieeinsparverordnung die Möglichkeit, den Nachweis des energiesparenden Wärmeschutzes auch mit dem Monatsbilanzverfahren nach DIN EN 832 in Verbindung mit DIN V 4108-6 und DIN V 4701-10 zu führen. Die für diese Berechnung erforderlichen Randbedingungen findet der Anwender in DIN V 4108-6 Anhang D.

Ebenso wie im vereinfachten Nachweisverfahren sind im Monatsbilanzverfahren der Primärenergiebedarf und der Jahresheizwärmebedarf des betrachteten Gebäudes zu ermitteln. Ähnlich wie beim Heizperiodenbilanzverfahren ergibt sich der Primärenergiebedarf eines Gebäudes entsprechend der bereits aus Kapitel 3.2.2.2 bekannten Gleichung zu

$$Q_P = e_P \cdot (Q_h + Q_w) \qquad \text{(Gl. 3.11)}$$

Im Gegensatz zum Vereinfachten Verfahren nach Kapitel 3.2.2, wird im Monatsbilanzverfahren der Heizwärmebedarf jedoch nicht pauschal für die gesamte Heizperiode betrachtet, sondern monatsweise entsprechend Gleichung 3.28.

$$Q_{h,M} = Q_{l,M} - \eta_M \cdot Q_{g,M} \qquad \text{(Gl. 3.28)}$$

Hierbei sind:

- ❒ $Q_{h,M}$: der monatliche Heizwärmebedarf
- ❒ $Q_{l,M}$: die monatlichen Wärmeverluste
- ❒ $Q_{g,M}$: die monatlichen Wärmegewinne
- ❒ η_M: der monatliche Ausnutzungsgrad der Wärmegewinne

Der Jahres-Heizwärmebedarf ergibt sich aus der Summe der monatlichen Bilanzen mit positivem Ergebnis, entsprechend Gl. 3.29.

$$Q_h = \sum_M Q_{h,M/pos} \qquad \text{(Gl. 3.29)}$$

Die Transmissions- und Lüftungswärmeverluste sind maßgeblich abhängig von der baulichen Qualität des Gebäudes und fallen während der Heizperiode an. Die internen Wärmegewinne werden nur von der Gebäudenutzung bestimmt und werden zeitlich konstant in Ansatz gebracht. Zusammen mit den solaren Wärmegewinnen, deren größtes Angebot im Sommer vorliegt, entlasten sie den Jahresheizwärmebedarf. Aufgrund des Temperaturjahresgangs können diese Wärmegewinne jedoch nicht komplett berücksichtigt werden, sondern nur zu einem monatlich veränderlichen Prozentsatz, der durch den Ausnutzungsgrad η beschrieben wird.

3.2.3.1

Ermittlung der Wärmeverluste im Monatsbilanzverfahren

Die monatlichen Wärmeverluste $Q_{l,M}$ eines Gebäudes ergeben sich aus den Transmissionswärmeverlusten H_T und den Lüftungswärmeverlusten H_V. Bei der monatlichen Bilanzierung werden keine pauschalierten Heizgradtage vorgegeben, sondern diese aus den Monatstagen und der Differenz zwischen angestrebter Innenraumtemperatur (+19 °C) und monatsbezogener mittleren Außenlufttemperatur errechnet (siehe Gl. 3.30).

$$Q_{l,M} = 0{,}024 \cdot (H_T + H_V) \cdot (\theta_i - \theta_{e,M}) \cdot t_M \qquad \text{(Gl. 3.30)}$$

Hierbei sind:
- $Q_{l,M}$: die monatlichen Wärmeverluste [kWh]
- H_T: die Transmissionswärmeverluste [W/K]
- H_V: die Lüftungswärmeverluste [W/K]
- θ_i: die Innentemperatur (+19 °C)
- $\theta_{e,M}$: die mittlere Außenlufttemperatur des betrachteten Monats [°C]
- t_M: die Anzahl der Tage des betrachteten Monats [d]

Ermittlung der spezifischen Transmissionswärmeverluste im Monatsbilanzverfahren

Gegenüber dem vereinfachten Heizperiodenbilanzverfahren ermöglicht das Monatsbilanzverfahren eine differenziertere Erfassung unterschiedlicher Einflüsse auf die Transmissionswärmeverluste H_T. Im Rahmen der Nachweisführung der Energieeinsparverordnung werden die Transmissionswärmeverluste eines Gebäudes durch einen vereinfachten Ansatz mittels Temperatur-Korrekturfaktoren erfasst (Gl. 3.31).

$$H_T = \sum_i (F_{x,i} \cdot U_i \cdot A_i) + H_{WB} + \Delta H_{T,FH} \qquad \text{(Gl. 3.31)}$$

Hierbei sind:
- $F_{x,i}$: der Temperatur-Korrekturfaktor für die Fläche i
- U_i: der Wärmedurchgangskoeffizient der Fläche i (Berechnung, siehe Kap. 3.2.2.3)
- A_i: eine wärmeübertragende Fläche i zur Außenluft, zu unbeheizten Räumen oder zum Erdreich
- H_{WB}: die Transmissionswärmeverluste infolge Wärmebrücken
- $H_{T,FH}$: die Wärmeverluste an Bauteilen mit integrierten Heizflächen

Hinweis:
Auf die gesonderte Ermittlung der zusätzlichen spezifischen Transmissionswärmeverluste $\Delta H_{T,FH}$ kann verzichtet werden, wenn eine Wärmedämmung ($\lambda \leq 0{,}04$ W/(m·K)) von mindestens 8 cm Dicke zwischen der Heizfläche und den konstruktiven Bauteilen vorhanden ist, oder Schichtenfolgen mit gleichwertigem Wärmedurchlasswiderstand gewählt werden.

Die Tafel 3.17 gibt Temperatur-Korrekturfaktoren für Bauteile an, die die beheizte Zone gegen die Außenluft, niedrig oder unbeheizte Räume abgrenzen. Mit Hilfe der Werte der Tafel 3.18 werden die Wärmeverluste über das Erdreich beschrieben.

Tafel 3.17: Temperatur-Korrekturfaktoren für Bauteile, die die beheizte Zone gegen die Außenluft, niedrig beheizte oder unbeheizte Räume begrenzt

Wärmestrom nach außen über	F_X	Temperatur-Korrekturfaktor F_X
Außenwand, Fenster	F_{AW}	1,0
Dach (als Systemgrenze)	F_D	1,0
Dachgeschossdecke (Dachraum nicht ausgebaut)	F_D	0,8
Abseitenwand (Drempel)	F_u	0,8
Wände und Decken zu unbeheizten Räumen	F_u	0,5
Wände und Decken zu niedrig beheizten Räumen	F_{nb}	0,35
Wände und Fenster zu unbeheiztem Glasvorbau bei einer Verglasung des Glasvorbaus mit:		
– Einfachverglasung	F_u	0,8
– Zweischeibenverglasung	F_u	0,7
– Wärmeschutzverglasung	F_u	0,5

Das Beispielhaus (s. S. 75/76) weist nach Tafel 3.17 folgende Temperatur-Korrekturfaktoren auf:

Außenwände: $F_{AW} = 1{,}0$

Dach: $F_D = 1{,}0$

Die Werte der Tafel 3.18 machen deutlich, dass das Verhältnis

$$B' = \frac{A_G}{0{,}5 \cdot P} \qquad \text{(Gl. 3.32)}$$

Tafel 3.18: Temperatur-Korrekturfaktoren für Keller und erdberührte Bauteile
R_f: Wärmedurchlasswiderstand der Bodenplatte
R_W: Wärmedurchlasswiderstand der Kellerwand

Flächen		B′[m]					
		< 5		5 bis 10		> 10	
		R_f und R_w		R_f und R_w		R_f und R_w	
Flächen des beheizten Kellers:		≤ 1	> 1	≤ 1	> 1	≤ 1	> 1
– Fußboden des beheizten Kellers	$F_G = F_{bf}$	0,30	0,45	0,25	0,40	0,20	0,35
– Wand des beheizten Kellers	$F_G = F_{bw}$	0,40	0,60	0,40	0,60	0,40	0,60
		R_f		R_f		R_f	
		≤ 1	> 1	≤ 1	> 1	≤ 1	> 1
Fußboden auf dem Erdreich ohne Randdämmung (bei fließendem Grundwasser erhöhen sich die Werte um 15 %)	$F_G = F_{bf}$	0,45	0,60	0,40	0,50	0,25	0,35
Fußboden auf dem Erdreich mit Randdämmung (Bodenplatte ungedämmt, Wärmedurchlasswiderstand der Randdämmung > 2 m²·K/W)							
– 2 m breit, waagerecht (bei fließendem Grundwasser erhöhen sich die Werte um 15 %)	$F_G = F_{bf}$	0,30		0,25		0,20	
– 2 m breit, senkrecht (bei fließendem Grundwasser erhöhen sich die Werte um 15 %)	$F_G = F_{bf}$	0,25		0,20		0,15	
Kellerdecke (bei einer Kellerdecke mit Trittschalldämmung: R_{KD} < 0,5 m²·K/W; Kellerfußboden ungedämmt):							
– zum unbeheizten Keller mit Perimeterdämmung	F_G	0,55		0,50		0,45	
– zum unbeheizten Keller ohne Perimeterdämmung	F_G	0,70		0,65		0,55	
aufgeständerter Fußboden	F_G	0,90					
niedrig beheizte Räume (Innentemperaturen 12 °C bis 19 °C): Bodenplatte	F_G	0,20	0,55	0,15	0,50	0,10	0,35

mit:

- A_G: Größe der Bodengrundfläche
- P : Umfang der Bodengrundfläche

eine charakteristische Größe für die Transmissionswärmeverluste über das Erdreich ist. Eine quadratische Bodengrundfläche weist demnach ein größeres B´ auf, als eine gleich große nicht quadratische Bodenplatte. Bei großen Bodenplatten mit zunehmendem B´ kommt der thermisch quasi-stationär wirkende Einfluss des Erdreiches durch geringere Temperatur-Korrekturfaktoren zunehmend zum Tragen.

Der Temperatur-Korrekturfaktor für die Bodenplatte des Beispielhauses (s. S. 75/76) ergibt sich wie folgt:

$A_G =$ 80 m²; P = 2·(8 m + 10 m) = 36 m
⇒ B´ = 80 m²/(0,5·36 m) = 4,44 m < 5 m

$R_f =$ 3,902 m²·K/W > 1 (siehe Beispiel „Vereinfachtes Verfahren")
für eine Bodenplatte ohne Randdämmung folgt: $F_G = 0,60$

Die Transmissionswärmeverluste (ohne Berücksichtigung der Wärmebrücken) des Beispielhauses ergeben sich demnach zu (vgl. S. 92):

Nr.	Bauteil	F_{xi} [-]	U_i [W/(m²·K)]	A_i [m²]	H_T [W/K]
1	Außenwände (ohne Fenster)	1,00	0,25	170	42,5
2	Dach	1,00	0,15	113,12	17,0
3	Fenster	1,00	1,8	22	39,6
4	Haustür	1,00	2,8	2	5,6
5	Bodenplatte	0,60	0,26	80	12,5
					117,2

Wärmebrücken

Die Energieeinsparverordnung lässt im Rahmen der Nachweisführung mit Hilfe des Monatsbilanzverfahrens drei Möglichkeiten zu, den Einfluss von Wärmebrücken auf die Transmissionswärmeverluste zu berücksichtigen:

1. Der Wärmebrückeneinfluss wird pauschal erfasst, indem die gesamte wärmeübertragende Fläche des Gebäudes mit einem zusätzlichen

Wärmedurchgangskoeffizienten von 0,10 W/(m²·K) beaufschlagt wird.

$$H_{WB} = A \cdot 0{,}10\ W/(m^2 \cdot K) \qquad \text{(Gl. 3.33)}$$

Bei der Betrachtung des Beispielhauses (s. S. 75/76) ergeben sich für diesen Fall Transmissionswärmeverluste infolge Wärmebrückeneinflüsse in Höhe von:

H_{WB} = 0,10 W/(m²·K) · 387,12 m² = 38,7 W/K

Dies entspricht 24,8 % der gesamten Transmissionswärmeverluste.

2. Der Wärmebrückeneinfluss wird ebenfalls pauschal erfasst, jedoch dadurch, dass die gesamte wärmeübertragende Fläche des Gebäudes mit einem zusätzlichen Wärmedurchgangskoeffizienten von 0,05 W/(m²·K) beaufschlagt wird. Hierbei wird vorausgesetzt, dass die Konstruktionsbeispiele des Beiblatt 2 zu DIN 4108 [3.8] oder energetisch zumindest gleichwertige Konstruktionen zur Anwendungen kommen (vgl. „Vereinfachtes Verfahren" Kap. 3.2.2).

$$H_{WB} = A \cdot 0{,}05 \frac{W}{m^2 \cdot K} \qquad \text{(Gl. 3.34)}$$

Flächen A_{cw} verglaster Fassaden, wie Vorhangfassaden als Pfosten-Riegel-Konstruktionen, bleiben in den Fällen 1. und 2. inklusive ihrer Paneele bei der Ermittlung der Fläche A unberücksichtigt.

In diesem Fall ergeben sich die Transmissionswärmeverluste infolge Wärmebrückeneinflüsse zu:

H_{WB} = 0,05 W/(m²·K) · 387,12 m² = 19,4 W/K

Dies entspricht 14,2 % der gesamten Transmissionswärmeverluste.

3. Für alle Gebäudekanten, Fenster- und Türlaibungen, Wand- und Deckeneinbindungen, Deckenauflager und wärmetechnisch entkoppelte Balkonplatten werden nach DIN EN ISO 10211-2 [3.18] die längenbezogenen Wärmedurchgangskoeffizienten (ψ-Werte) ermittelt. Die in dieser Norm angegebenen Berechnungsverfahren lassen sich fast ausschließlich mit finiten Elementen durchführen. Berechnungsergebnisse (ψ-Werte) für einige Anschlussdetails sind Wärmebrückenkatalogen zu entnehmen. Die Transmissionswärmeverluste infolge linienförmiger Wärmebrücken ergeben sich dann durch Multiplikation der ψ-Werte mit den jeweiligen Längen (Außenmaße) der Wärmebrücken.

$$H_{WB} = \sum_i (\psi_i \cdot l_i) \qquad \text{(Gl. 3.35)}$$

In einer separaten Berechnung sind die in nachfolgender Tafel dargestellten längenbezogenen Wärmedurchgangskoeffizienten für die relevanten Konstruktionsdetails des Beispielgebäudes ermittelt worden. Daraus ergeben sich die folgenden Transmissionswärmeverluste infolge Wärmebrückeneinflüsse.

Nr.	Wärmebrückentyp	l [m]	ψ_i [W/(m·K)]	$\psi_i \cdot l$ [W/K]
1	Außenwandecken	16,0	-0,035	-0,560
2	Deckenauflager / Außenwand	36,0	0,001	0,036
3	Außenwand-/Innenwandanschluss	20,0	-0,010	-0,200
4	Innenwand/Dachanschluss	5,7	0,050	0,285
5	Anschluss Kehlscheibe/Außenwand	12,0	-0,010	-0,120
6	Anschluss Kehlscheibe/Dach	16,0	0,050	0,800
7	Fenstersturz (incl. Haustür)	19,0	0,080	1,520
8	Fensterlaibung (incl. Haustür)	22,0	0,070	1,540
9	Fensterbrüstung	18,0	0,075	1,350
10	Außenwand / Sohlplatte	36,0	0,200	7,200
11	Traufanschluss	16,0	-0,050	-0,800
12	Ortgang	28,3	0,070	1,981
13	First	8,0	-0,070	-0,560
14	Haustür / Bodenplatte	1,0	0,130	0,130
	Summe			**12,602**

Dies entspricht 9,7 % der gesamten Transmissionswärmeverluste.

Bezieht man den ermittelten Wärmebrückeneinfluss von 12,6 W/K auf die wärmeübertragende Fläche, erhält man einen Faktor von

$$\frac{12{,}6}{387{,}12} = 0{,}033 \text{ W/(m}^2 \cdot \text{K)},$$

also einen bedeutend günstigeren Wert als bei pauschaliertem Ansatz.

Die Transmissionswärmeverluste des Beispielhauses ergeben sich im Monatsbilanzverfahren zu:

- Bauteilverluste	117,2 W/K
- pauschalierte Berücksichtigung der Wärmebrücken	19,4 W/K
(Konstruktion nach Beiblatt 2 zu DIN 4108)	**136,6 W/K**
oder	
- Bauteilverluste	117,2 W/K
- berechnete Wärmebrückenverluste	12,6 W/K
	129,8 W/K

Das Beispiel zeigt, dass die genauere Betrachtung der Wärmebrücken nicht unerhebliche Energieeinsparpotentiale birgt. Im Vergleich zur pauschalierten Berücksichtigung der Wärmebrücken wurde deren rechnerischer Einfluss um etwa 35 % gesenkt, was im vorliegenden Beispiel eine Reduzierung der Transmissionswärmeverluste von etwa 5 % zur Folge hat.

Wärmeverluste an Bauteilen mit integrierten Heizflächen

Die Wärmeverluste an Bauteilen mit integrierten Heizflächen können im Einzelfall mit dem genaueren Nachweisverfahren nach DIN V 4108-6 [3.4], Kap. 6.1.4 ermittelt werden. Auf die gesonderte Ermittlung der zusätzlichen spezifischen Transmissionswärmeverluste $\Delta H_{T,FH}$ darf bei öffentlich-rechtlichen Nachweisen verzichtet werden, wenn eine Wärmedämmung ($\lambda \leq 0{,}04$ W/(m · K)) von mindestens 8 cm Dicke zwischen der Heizfläche und den konstruktiven Bauteilen vorhanden ist, oder Schichtenfolgen mit gleichwertigem Wärmedurchlasswiderstand gewählt werden.

Ermittlung der spezifischen Lüftungswärmeverluste im Monatsbilanzverfahren

Zur rechnerischen Abschätzung der Lüftungswärmeverluste eines Gebäudes, die von einer Vielzahl Faktoren beeinflusst werden, unterscheidet die Energieeinsparverordnung, ob das Gebäude durch freie Lüftung (Fensterlüftung) oder durch maschinelle Lüftung (raumlufttechnische Anlagen) mit Frischluft versorgt wird. Standortbezogene Aspekte gehen bei dieser Nachweisführung nicht ein.

Die Lüftungswärmeverluste H_V eines Gebäudes mit freier Lüftung berechnen sich zu:

$$H_V = 0{,}34 \text{ Wh/(m}^3\cdot\text{K)} \cdot n \cdot V \qquad \text{(Gl. 3.36)}$$

Hierbei sind:

- n: Luftwechselrate
  ohne Nachweis der Luftdichtheit: $n = 0{,}7 \text{ h}^{-1}$
  mit Nachweis der Luftdichtheit: $n = 0{,}6 \text{ h}^{-1}$
- V: das Netto-Volumen des Gebäudes, das näherungsweise aus dem Bruttovolumen (aus den Außenabmessungen zu bestimmen!) berechnet werden kann

Für Ein- und Zweifamilienhäuser bis zu zwei Vollgeschossen und drei Wohneinheiten sowie Gebäude mit bis zu drei Vollgeschossen und nicht mehr als zwei Wohneinheiten gilt:
$V = 0{,}76 \cdot V_e$
In den übrigen Fällen gilt: $V = 0{,}80 \cdot V_e$

Die Lüftungswärmeverluste H_V des Beispielhauses (s. S. 75/76) ergeben sich ohne Berücksichtigung weiterer Lüftungsanlagen
- **ohne Nachweis der Gebäudeluftdichtheit**

  $H_V = 0{,}34\ \text{Wh/(m}^3\text{·K)} \cdot 0{,}7\ \text{h}^{-1} \cdot 0{,}76 \cdot 520\ \text{m}^3 = 94{,}06\ \text{W/K}$
- **mit Nachweis der Gebäudedichtheit**

  $H_V = 0{,}34\ \text{Wh/(m}^3\text{·K)} \cdot 0{,}6\ \text{h}^{-1} \cdot 0{,}76 \cdot 520\ \text{m}^3 = 80{,}62\ \text{W/K}$

Bei Gebäuden mit maschineller Belüftung ergeben sich die Lüftungswärmeverluste in ähnlicher Form. Der Luftvolumenstrom $\dot{V} = n \cdot V$ zur Erfassung der Lüftungswärmeverluste in Gl. 3.36 ergibt sich dabei zum einen aus dem mittleren Luftvolumenstrom $\dot{V}_f$ des in Betrieb befindlichen Lüftungssystems. Kommt ein Be- und Entlüftungssystem zum Einsatz, ist hier der jeweils größere Betrag aus Zuluftvolumenstrom $\dot{V}_s$ oder Abluftvolumenstrom $\dot{V}_E$ einzusetzen. Zum anderen sind dem Gesamtvolumenstrom noch Anteile $\dot{V}_x$ zuzurechnen, die sich bei Ventilatorbetrieb infolge Wind und Auftrieb ergeben. Der Gesamtluftvolumenstrom beträgt demnach

$$\dot{V} = \dot{V}_f + \dot{V}_x \qquad \text{(Gl. 3.37)}$$

Tafel 3.19: Windschutzkoeffizienten für unterschiedliche Lagen eines Gebäudes

Lage	Windschutzkoeffizient e_{wind}	
	mehr als eine dem Wind ausgesetzte Fassade	eine dem Wind ausgesetzte Fassade
freie Lage	0,10	0,03
halbfreie Lage	0,07	0,02
geschützte Lage	0,04	0,01
	Windschutzkoeffizient f_{wind}	
	mehr als eine dem Wind ausgesetzte Fassade	eine dem Wind ausgesetzte Fassade
	15	20

Mit den anlagenspezifischen Daten $\dot{V}_f$, $\dot{V}_s$ und $\dot{V}_E$ lässt sich $\dot{V}_x$ nach Gl. 3.38 abschätzen

$$\dot{V}_x = \frac{V \cdot n_{50} \cdot e_{wind}}{1 + \frac{f_{wind}}{e_{wind}} \cdot \left(\frac{\dot{V}_s - \dot{V}_E}{V \cdot n_{50}} \right)^2} \qquad \text{(Gl. 3.38)}$$

Hierbei sind:

- V: das Netto-Gebäudevolumen (siehe Gl. 3.36)
- n_{50}: die Luftwechselrate bei 50 Pa Druckdifferenz (Anhaltswerte siehe Tafel 3.20)
- f_{wind}: Windschutzkoeffizient (siehe Tafel 3.19)
- e_{wind}: Windschutzkoeffizient (siehe Tafel 3.19)
- $\dot{V}_s$: Zuluftvolumenstrom
- $\dot{V}_E$: Abluftvolumenstrom

Luftdichtheit des Gebäudes	n_{50} [h^{-1}]	
	Mehrfamilienhaus	Einfamilienhaus
sehr dicht	0,5 bis 2,0	1,0 bis 3,0
mittel dicht	2,0 bis 4,0	3,0 bis 8,0
wenig dicht	4,0 bis 10,0	8,0 bis 20,0

Tafel 3.20: Richtwerte für die Luftdichtheit von Gebäuden bei einer Druckprüfung mit 50 Pa Druckdifferenz

Ermittlung der monatlichen Wärmeverluste

Nachdem die Transmissionswärmeverluste und die Lüftungswärmeverluste ermittelt worden sind, können die monatlichen Wärmeverluste $Q_{l,M}$ eines Gebäudes mit Hilfe der bereits im Kapitel 3.2.3.1 vorgestellten Gleichung 3.30 berechnet werden.

$$Q_{l,M} = 0{,}024 \cdot (H_T + H_V) \cdot (\theta_i - \theta_{e,M}) \cdot t_M \qquad \text{(Gl. 3.30)}$$

Für die Nachweisführung im Rahmen der Energieeinsparverordnung ist für die Innentemperatur $\theta_i = +19$ °C einzusetzen. Die monatlichen Außentemperaturen $\theta_{e,M}$ entnimmt der Anwender der Tafel 3.21 mit klimatischen Informationen für den Referenzstandort Deutschland. Die hieraus entnommenen mittleren monatlichen Außentemperaturen betragen:

Monat	Jan	Feb	Mär	Apr	Mai	Jun	Jul	Aug	Sep	Okt	Nov	Dez
$\theta_{e,M}$ [°C]	-1,3	0,6	4,1	9,5	12,9	15,7	18,0	18,3	14,4	9,1	4,7	1,3

Tafel 3.21: Mittlere monatliche Außentemperaturen für den Referenzstandort Deutschland

Für das betrachtete Beispielgebäude (s. S. 75/76) ergeben sich die monatsbezogenen Wärmeverluste $Q_{l,M}$ wie folgt:

Fall 1: ohne Nachweis der Luftdichtheit der Gebäudehülle
pauschalierte Berücksichtigung der Wärmebrücken

Monat	Jan	Feb	Mär	Apr	Mai	Jun	Jul	Aug	Sep	Okt	Nov	Dez
t_M [d]	31	28	31	30	31	30	31	31	30	31	30	31
H_V [W/K]	94,1 (s. S. 108)											
H_T [W/K]	136,6 (s. S. 107)											
θ_i [°C]	19,0											
$\theta_{e,M}$ [°C]	-1,3	0,6	4,1	9,5	12,9	15,7	18,0	18,3	14,4	9,1	4,7	1,3
$Q_{l,M}$ [kWh]	3484	2853	2557	1578	1047	548	172	120	764	1699	2375	3038

Fall 2: ohne Nachweis der Luftdichtheit der Gebäudehülle
rechnerische Ermittlung der Wärmebrückeneffekte

Monat	Jan	Feb	Mär	Apr	Mai	Jun	Jul	Aug	Sep	Okt	Nov	Dez
t_M [d]	31	28	31	30	31	30	31	31	30	31	30	31
H_V [W/K]	94,1 (s. S. 108)											
H_T [W/K]	129,8 (s. S. 107)											
θ_i [°C]	19,0											
$\theta_{e,M}$ [°C]	-1,3	0,6	4,1	9,5	12,9	15,7	18,0	18,3	14,4	9,1	4,7	1,3
$Q_{l,M}$ [kWh]	3382	2768	2482	1531	1016	532	167	117	742	1649	2305	2948

Fall 3: mit Nachweis der Luftdichtheit der Gebäudehülle
pauschalierte Berücksichtigung der Wärmebrücken

Monat	Jan	Feb	Mär	Apr	Mai	Jun	Jul	Aug	Sep	Okt	Nov	Dez
t_M [d]	31	28	31	30	31	30	31	31	30	31	30	31
H_V [W/K]	80,6 (s. S. 108)											
H_T [W/K]	136,6 (s. S. 107)											
θ_i [°C]	19,0											
$\theta_{e,M}$ [°C]	-1,3	0,6	4,1	9,5	12,9	15,7	18,0	18,3	14,4	9,1	4,7	1,3
$Q_{l,M}$ [kWh]	3280	2686	2408	1486	986	516	162	113	719	1600	2236	2860

Fall 4: mit Nachweis der Luftdichtheit der Gebäudehülle
rechnerische Ermittlung der Wärmebrückeneffekte

Monat	Jan	Feb	Mär	Apr	Mai	Jun	Jul	Aug	Sep	Okt	Nov	Dez
t_M [d]	31	28	31	30	31	30	31	31	30	31	30	31
H_V [W/K]	80,6 (s. S. 108)											
H_T [W/K]	129,8 (s. S. 107)											
θ_i [°C]	19,0											
$\theta_{e,M}$ [°C]	-1,3	0,6	4,1	9,5	12,9	15,7	18,0	18,3	14,4	9,1	4,7	1,3
$Q_{l,M}$ [kWh]	3178	2602	2332	1439	955	500	157	110	697	1550	2166	2771

3.2.3.2

Ermittlung der Wärmegewinne im Monatsbilanzverfahren

Die monatlichen Wärmegewinne $Q_{g,M}$ eines Gebäudes berechnen sich aus den monatlichen solaren Wärmegewinnen $\Phi_{s,M}$ und den monatlichen internen Wärmegewinnen $\Phi_{i,M}$ (siehe Gl. 3.39).

$$Q_{g,M} = 0{,}024 \cdot (\Phi_{s,M} + \Phi_{i,M}) \cdot t_M \qquad \text{(Gl. 3.39)}$$

Hierbei sind:

- $Q_{g,M}$: die monatlichen Wärmegewinne [kWh]
- $\Phi_{s,M}$: die monatsbezogenen solaren Wärmegewinne [W]
- $\Phi_{i,M}$: die monatsbezogenen internen Wärmegewinne [W]
- t_M: die Anzahl der Tage des betrachteten Monats [d]

Ermittlung der internen Wärmegewinne

Die internen monatlichen Wärmegewinne $\Phi_{i,M}$ in Gebäuden werden im Monatsbilanzverfahren in ähnlicher Weise für die energetische Bilanzierung erfasst wie im Vereinfachten Verfahren. Grundlegende Größen für die Ermittlung sind die mittleren, flächenbezogenen internen Wärmegewinne $q_{i,M}$ und die Nutzfläche A_N des Gebäudes, die sich vereinfachend aus dessen Bruttovolumen ergeben (siehe Gl. 3.40).

$$\Phi_{i,M} = q_{i,M} \cdot A_N \qquad \text{(Gl. 3.40)}$$

Hierbei sind:

- $\Phi_{i,M}$: mittlere monatliche interne Wärmegewinne [W]
- $q_{i,M}$: mittlere monatliche interne Wärmegewinne (flächenbezogen)
  für Büro- und Verwaltungsgebäude: $q_{i,M} = 6$ W/m²
  für Wohngebäude und übrige Gebäude: $q_{i,M} = 5$ W/m²
- A_N: Nutzfläche in m²
  $A_N = 0{,}32 \cdot V_e$

Für das betrachtete Beispielhaus (s. S. 75/76) ergeben sich die monatlichen internen Wärmegewinne zu:

Nutzfläche A_N: $0{,}32\ m^{-1} \cdot 520{,}00\ m^3 = 166{,}40\ m^2$

$\Phi_{i,M} = 5\ W/m^2 \cdot 166{,}4\ m^2 = 832\ W$

Solare Wärmegewinne

Wärmemengen, die durch transparente Bauteile (Fenster, Fenstertüren) in Räume der beheizten Zone gelangen, können wesentlich zur Heizenergieeinsparung beitragen und in der energetischen Bilanzierung genutzt werden. Neben dem Standort des Gebäudes, der im Rahmen der Energieeinsparverordnung nicht weiter differenziert wird, beeinflussen

- die Orientierung und Neigung der transparenten Bauteile
- die Größe der transparenten Bauteile
- der Gesamtenergiedurchlassgrad der transparenten Bauteile
- Art und Gestaltung eventueller Sonnenschutzvorrichtungen

die solaren Wärmegewinne.

Die effektive Kollektorfläche A_s eines transparenten Bauteils (z.B. Fenster), durch die der Wärmestrom in die beheizte Zone eindringen kann, errechnet sich wie folgt:

$$A_s = A \cdot F_S \cdot F_C \cdot F_F \cdot g \qquad \text{(Gl. 3.41)}$$

Hierbei sind:

- A_s: effektive Kollektorfläche
- A: Bruttofläche des transparenten Bauteils (lichte Rohbaumaße)

- ❒ F_S: Abminderungsfaktor für Verschattung (für übliche Fälle $F_S = 0,9$; sofern aufgrund baulicher Bedingungen Verschattung vorliegt, können abweichende Werte verwendet werden)
- ❒ F_C: Abminderungsfaktor für Sonnenschutzeinrichtungen ($F_C = 1,0$)
- ❒ F_F: Abminderungsfaktor für den Rahmenanteil ($F_F = 0,7$)
- ❒ g: Gesamtenergiedurchlassgrad des transparenten Bauteils ($g = 0,9 \cdot g_\perp$; $g_\perp$ siehe Tafel 3.16)

Anhaltswerte für den Gesamtenergiedurchlassgrad transparenter Bauteile gibt Tafel 3.16 (Kap. 3.2.2.4). Exakte Werte, ermittelt nach DIN EN 410 [3.19], sollten den entsprechenden Produktinformationen entnommen werden.

Die effektive Kollektorfläche eines Fensters (Rohbaumaße 1,51 m · 1,42 m = 2,144 m²) mit Doppelverglasung beträgt beispielsweise demnach:

$$A_s = 1,51 \cdot 1,42 \cdot 0,9 \cdot 1,0 \cdot 0,7 \cdot 0,9 \cdot 0,75 = 0,912 \text{ m}^2$$

Die gemäß Gl. 3.42 zur Berechnung des solaren Wärmestroms Φ_s erforderlichen Strahlungsintensitäten I_s sind orientierungs- und neigungsabhängig. Werte für das Referenzklima Deutschland sind Tafel 5.1 (Kap. 5.2 Tabellen) zu entnehmen. Der solare Wärmestrom Φ_s berechnet sich zu

$$\Phi_s = \sum_j \left(I_{s,j} \cdot \sum_i^n A_{s,ji} \right) \qquad \text{(Gl. 3.42)}$$

Hierbei sind:

- ❒ I_s: die monatlichen Mittelwerte der Strahlungsintensitäten für das betrachtete Bauteil (orientierungs- und neigungsabhängig, siehe Tafel 5.1 (Kap. 5.2)) [W/m²]
- ❒ A_s: die effektive Kollektorfläche [m²]
- ❒ i: Index für die Bauteile
- ❒ j: Index für die Orientierung

Für das betrachtete Beispielhaus (s. S. 75/76) wird angenommen, dass die Fenster mit einer Wärmeschutzverglasung (g = 0,63) ausgestattet sind. Die effektiven Kollektorflächen ergeben sich wie folgt:

Südseite:

$A_{s,Süd}$ = 2,00 m · 4,00 m · 0,9 · 1,0 · 0,7 · 0,9 · 0,63 = 2,86 m²

Nordseite:

$A_{s,Nord}$ = 1,00 m · 2,00 m · 0,9 · 1,0 · 0,7 · 0,9 · 0,63 = 0,71 m²

Westseite:

$A_{s,West}$ = 3 · 1,00 m · 2,00 m · 0,9 · 1,0 · 0,7 · 0,9 · 0,63 = 2,14 m²

Ostseite:

$A_{s,Ost}$ = 3 · 1,00 m · 2,00 m · 0,9 · 1,0 · 0,7 · 0,9 · 0,63 = 2,14 m²

Hiermit ergeben sich die solaren Wärmeströme Φ_s gemäß Gl. 3.42 zu:

Monat	Süd (A_s = 2,86 m²)		Nord (A_s = 0,71 m²)		West (A_s = 2,14 m²)		Ost (A_s = 2,14 m²)		Gesamt Φ_s
	I_s [W/m²]	$I_s \cdot A_s$ [W]	I_s [W/m²]	$I_s \cdot A_s$ [W]	I_s [W/m²]	$I_s \cdot A_s$ [W]	I_s [W/m²]	$I_s \cdot A_s$ [W]	$\Sigma(I_s \cdot A_s)$ [W]
Jan	56	160,2	14	9,9	25	53,5	25	53,5	277,1
Feb	61	174,5	23	16,3	37	79,2	37	79,2	349,2
Mär	80	228,8	34	24,1	53	113,4	53	113,4	479,7
Apr	137	391,8	64	45,4	125	267,5	125	267,5	972,2
Mai	119	340,3	81	57,5	131	280,3	131	280,3	958,4
Jun	130	371,8	99	70,3	150	321,0	150	321,0	1084,1
Jul	135	386,1	100	71,0	156	333,8	156	333,8	1124,7
Aug	112	320,3	70	49,7	115	246,1	115	246,1	862,2
Sep	115	328,9	48	34,1	90	192,6	90	192,6	748,2
Okt	81	231,7	33	23,4	51	109,1	51	109,1	473,3
Nov	54	154,4	18	12,8	28	59,9	28	59,9	287,0
Dez	33	94,4	10	7,1	15	32,1	15	32,1	165,7
								Summe	**7781,8**

Die Wärmegewinne in einem Gebäude setzen sich entsprechend der bereits weiter oben beschriebenen Gleichung 3.39 additiv aus den internen und solaren Gewinnen zusammen.

$$Q_{g,M} = 0{,}024 \cdot (\Phi_{s,M} + \Phi_{i,M}) \cdot t_M \qquad \text{(Gl. 3.39)}$$

Ungeachtet der später noch vorzunehmenden Differenzierung in nutzbare und nicht nutzbare Wärmegewinne, ergeben sich die Wärmegewinne des Beispielhauses rechnerisch zu:

Monat	Jan	Feb	Mär	Apr	Mai	Jun	Jul	Aug	Sep	Okt	Nov	Dez
t_M [d]	31	28	31	30	31	30	31	31	30	31	30	31
$0{,}024 \cdot \Phi_{i,M} \cdot t_M$ [W]	619,0	559,1	619,0	599,0	619,0	599,0	619,0	619,0	599,0	619,0	599,0	619,0
$0{,}024 \cdot \Phi_{s,M} \cdot t_M$ [W]	206,1	234,7	356,9	700,0	713,0	780,6	836,8	641,5	538,7	352,1	206,6	123,3
$Q_{g,M}$ [W]	825,1	793,8	975,9	1299,0	1332,0	1379,6	1455,8	1260,5	1137,7	971,1	805,6	742,3

Die bisherigen Ergebnisse zeigen, dass die größten Wärmegewinne außerhalb der Heizperiode anfallen und somit zur Deckung des Heizenergiebedarfs nur bedingt herangezogen werden können. Inwiefern dies insbesondere in den Übergangszeiten der Fall ist, wird mit Hilfe des Ausnutzungsgrades bestimmt.

Ausnutzungsgrad

Der monatsbezogene Ausnutzungsgrad η der monatlichen Wärmegewinne hängt entsprechend Gl. 3.43 ab von

- dem Verhältnis γ der monatsbezogenen Wärmegewinne Q_g zu den monatsbezogenen Wärmeverlusten Q_l
- der wirksamen Wärmespeicherfähigkeit C_{wirk} des Gebäudes

$$\eta = \frac{1-\gamma^{a}}{1-\gamma^{a+1}};\ \text{für } \gamma \neq 1 \qquad \text{(Gl. 3.43)}$$

$$\eta = \frac{a}{a+1};\ \text{für } \gamma = 1 \qquad \text{(Gl. 3.44)}$$

Dabei ist a ein numerischer Parameter, der sich bei monatlicher Betrachtung nach Gl. 3.45 ergibt.

$$a = 1 + \frac{\tau}{16\,h} \qquad \text{(Gl. 3.45)}$$

Hierbei stellt τ die Zeitkonstante dar, die sich als Quotient aus der wirksamen Speicherfähigkeit C_{wirk} des Gebäudes und dem spezifischen Wärmeverlust H ergibt.

$$\tau = \frac{C_{wirk}}{H} \qquad \text{(Gl. 3.46)}$$

mit:

- τ: Zeitkonstante [h]
- C_{wirk}: wirksame Wärmespeicherfähigkeit des Gebäudes [Wh/K]
- H: spezifische Wärmeverluste [W/K]; $H = H_T + H_V$

Zur Ermittlung der wirksamen Wärmespeicherfähigkeit des Gebäudes stehen zwei Wege zur Verfügung. Entweder kann C_{wirk} pauschal über das Bruttovolumen V_e gemäß Gl. 3.47 und Gl. 3.48 abgeschätzt oder durch Berechnung der Wärmespeicherfähigkeit der einzelnen Bauteile ermittelt werden. Die pauschale Abschätzung für schwere Gebäude mit massiven Innen- und Außenbauteilen beträgt:

$$C_{wirk} = 50 \frac{Wh}{(m^3 \cdot K)} \cdot V_e \qquad \text{(Gl. 3.47)}$$

Für leichte Gebäude – dies sind Gebäude in Holztafelbauart ohne massive Innenbauteile, Gebäude mit abgehängten Decken und überwiegend leichten Trennwänden oder Gebäude mit hohen Räumen (Turnhallen, Museen etc.) – beträgt die pauschale Abschätzung der wirksamen Wärmespeicherfähigkeit lediglich

$$C_{wirk} = 15 \frac{Wh}{(m^3 \cdot K)} \cdot V_e \qquad \text{(Gl. 3.48)}$$

Für das betrachtete Beispielhaus (s. S. 75/76) berechnet sich die wirksame Wärmespeicherfähigkeit pauschaliert zu

$$C_{wirk} = 50\ Wh/(m^3 \cdot K) \cdot 520\ m^3 = 26.000\ Wh/K$$

Die wirksame Wärmespeicherfähigkeit kann darüber hinaus auch für alle mit der Raumluft in Berührung kommenden Bauteile exakt berechnet werden (Gl. 3.49). Dabei werden solche Bauteilschichten bis zu einer Bauteiltiefe von 10 cm berücksichtigt, deren Baustoffe eine Wärmeleitfähigkeit $\lambda_i \geq 0{,}1$ W/(m·K) aufweisen. Grenzt die Raumluft beidseitig an das Bauteil (z.B. eine Innenwand) und beträgt die Bauteildicke weniger als 20 cm, darf für die Ermittlung der wirksamen Wärmespeicherfähigkeit – von beiden Raumseiten aus betrachtet – jeweils nur die halbe Bauteildicke in Ansatz gebracht werden. Sind in dem betrachteten Bauteil Schichten aus Baustoffen angeordnet, die eine Wärmeleitfähigkeit $\lambda_i < 0{,}1$ W/(m·K) besitzen und weist die Bauteilschicht einen Wärmedurchlasswiderstand $R_i > 0{,}25$ m²·K/W auf, sind nur die raumseitig davor angeordneten Bauteilschichten in Rechnung zu stellen. Dies ist zum Beispiel bei Estrichen auf Wärmedämmschicht der Fall.

$$C_{wirk} = \sum_i \left(c_i \cdot \rho_i \cdot d_i \cdot A_i\right) \qquad \text{(Gl. 3.49)}$$

hierbei sind:

- c: die spezifische Wärmekapazität [Wh/(kg · K)]
- ρ: Rohdichte [kg/m³]
- d: Bauteilschichtdicke [m]
- A: Bauteilfläche [m²]

Für das Beispielwohnhaus ergeben sich die nachfolgend aufgezeigten monatsbezogenen Ausnutzungsgrade:

Werte für: H_V siehe S. 108
H_T siehe S. 107
$Q_{l,M}$ siehe S. 110/111
$Q_{g,M}$ siehe S. 115

Fall 1: ohne Nachweis der Luftdichtheit der Gebäudehülle
pauschalierte Berücksichtigung der Wärmebrücken

Monat	Jan	Feb	Mär	Apr	Mai	Jun	Jul	Aug	Sep	Okt	Nov	Dez
H_V [W/K]	94,1	94,1	94,1	94,1	94,1	94,1	94,1	94,1	94,1	94,1	94,1	94,1
H_T [W/K]	136,6	136,6	136,6	136,6	136,6	136,6	136,6	136,6	136,6	136,6	136,6	136,6
$H=H_V+H_T$	230,7	230,7	230,7	230,7	230,7	230,7	230,7	230,7	230,7	230,7	230,7	230,7
C_{wirk} [Wh/K]	26000											
$\tau = C_{wirk}/H$	112,70											
$a = 1 + \tau/16h$	8,04											
$Q_{l,M}$ [kWh]	3484	2853	2557	1578	1047	548	172	120	764	1699	2375	3038
$Q_{g,M}$ [W]	825,1	793,8	975,9	1299	1332	1380	1456	1261	1138	971,1	805,6	724,3
$\gamma = Q_g/Q_l$	0,237	0,278	0,382	0,823	1,272	2,517	8,482	10,491	1,489	0,571	0,339	0,244
η	1,000	1,000	1,000	0,955	0,759	0,397	0,118	0,095	0,662	0,995	1,000	1,000

Fall 2: ohne Nachweis der Luftdichtheit der Gebäudehülle
rechnerische Ermittlung der Wärmebrückeneffekte

Monat	Jan	Feb	Mär	Apr	Mai	Jun	Jul	Aug	Sep	Okt	Nov	Dez
H_V [W/K]	94,1	94,1	94,1	94,1	94,1	94,1	94,1	94,1	94,1	94,1	94,1	94,1
H_T [W/K]	129,8	129,8	129,8	129,8	129,8	129,8	129,8	129,8	129,8	129,8	129,8	129,8
$H=H_V + H_T$	223,9	223,9	223,9	223,9	223,9	223,9	223,9	223,9	223,9	223,9	223,9	223,9
C_{wirk} [Wh/K]	26000											
$\tau = C_{wirk}/H$	116,12											
$a = 1+ \tau/16h$	8,26											
$Q_{l,M}$ [kWh]	3382	2768	2482	1531	1016	532	167	117	742	1649	2305	2948
$Q_{g,M}$ [W]	825,1	793,8	975,9	1299	1332	1380	1456	1261	1138	971,1	805,6	724,3
$\gamma = Q_g/Q_l$	0,244	0,287	0,393	0,848	1,311	2,593	8,739	10,810	1,534	0,589	0,349	0,252
η	1,000	1,000	1,000	0,950	0,742	0,386	0,114	0,093	0,645	0,995	1,000	1,000

Fall 3: mit Nachweis der Luftdichtheit der Gebäudehülle
pauschalierte Berücksichtigung der Wärmebrücken

Monat	Jan	Feb	Mär	Apr	Mai	Jun	Jul	Aug	Sep	Okt	Nov	Dez
H_V [W/K]	80,6	80,6	80,6	80,6	80,6	80,6	80,6	80,6	80,6	80,6	80,6	80,6
H_T [W/K]	136,6	136,6	136,6	136,6	136,6	136,6	136,6	136,6	136,6	136,6	136,6	136,6
$H=H_V + H_T$	217,2	217,2	217,2	217,2	217,2	217,2	217,2	217,2	217,2	217,2	217,2	217,2
C_{wirk} [Wh/K]	26000											
$\tau = C_{wirk}/H$	119,71											
$a = 1 + \tau/16h$	8,48											
$Q_{l,M}$ [kWh]	3280	2686	2408	1486	986	516	162	113	719	1600	2236	2860
$Q_{g,M}$ [W]	825,1	793,8	975,9	1299	1332	1380	1456	1261	1138	971,1	805,6	742,3
$\gamma = Q_g/Q_l$	0,252	0,296	0,405	0,874	1,351	2,673	9,009	11,143	1,582	0,607	0,360	0,260
η	1,000	1,000	1,000	0,944	0,724	0,374	0,111	0,090	0,627	0,994	1,000	1,000

Fall 4: mit Nachweis der Luftdichtheit der Gebäudehülle
rechnerische Ermittlung der Wärmebrückeneffekte

Monat	Jan	Feb	Mär	Apr	Mai	Jun	Jul	Aug	Sep	Okt	Nov	Dez
H_V [W/K]	80,6	80,6	80,6	80,6	80,6	80,6	80,6	80,6	80,6	80,6	80,6	80,6
H_T [W/K]	129,8	129,8	129,8	129,8	129,8	129,8	129,8	129,8	129,8	129,8	129,8	129,8
$H=H_V + H_T$	210,4	210,4	210,4	210,4	210,4	210,4	210,4	210,4	210,4	210,4	210,4	210,4
C_{wirk} [Wh/K]	26000											
$\tau = C_{wirk}/H$	123,57											
$a = 1 + \tau/16h$	8,72											
$Q_{l,M}$ [kWh]	3178	2602	2332	1439	955	500	157	110	697	1550	2166	2771
$Q_{g,M}$ [W]	825,1	793,8	975,9	1299	1332	1380	1456	1261	1138	971,1	805,6	742,3
$\gamma = Q_g/Q_l$	0,260	0,305	0,418	0,903	1,395	2,760	9,300	11,503	1,633	0,627	0,372	0,268
η	1,000	1,000	1,000	0,937	0,705	0,362	0,108	0,087	0,609	0,994	1,000	1,000

3.2.3.3

Berücksichtigung von Heizunterbrechungen

In Zeiträumen, in denen nutzungsbedingt geringere Raumtemperaturen hinnehmbar oder gewünscht sind, werden Heizungsanlagen üblicherweise im reduzierten Betrieb gefahren oder abgeschaltet. Dies sind insbesondere die Nachtstunden (Nachtabsenkung, Nachtabschaltung) oder aber auch bei Büro- und Verwaltungsgebäuden die Wochenenden (Wochenendabsenkung, Wochenendabschaltung). Nach DIN EN 832 [3.3] und DIN V 4108-6 [3.4] können die durch beliebige Heizunterbrechungen reduzierten Wärmeverluste erfasst werden. Im Rahmen der Nachweisführung der Energieeinsparverordnung können Nachtabschaltungen bei Wohngebäuden sowie Büro- und Verwaltungsgebäuden berücksichtigt werden. Dabei wird von folgenden Abschaltdauern ausgegangen:

- bei Wohngebäuden 7 h
- bei Büro- und Verwaltungsgebäuden 10 h

Der Berechnungsgang zur Ermittlung der Reduzierung der Wärmeverluste ist in DIN V 4108-6, Anhang C geregelt und umfasst die im Kapitel 5.4 (Berechnungen des Einflusses von Heizunterbrechungen) beschriebenen Berechnungsschritte, bei denen ein zeitgeregelter Aufheizbetrieb vorausgesetzt wird.

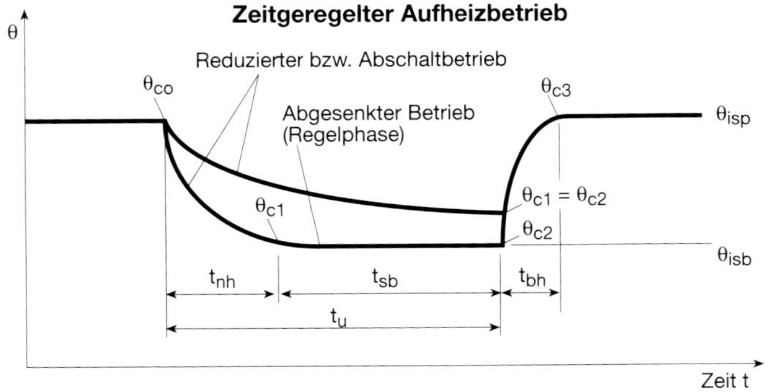

Bild 3.12: Phasen der Heizunterbrechung und schematischer Temperaturverlauf in Gebäuden bei Heizunterbrechungen [3.4]

Die nachfolgend aufgeführten Berechnungsergebnisse aus Kap. 5.4 zeigen deutlich, dass durch die Berücksichtigung der Nachtabschaltung bedeutende Reduzierungen der Wärmeverluste ermittelt werden können.

Für das Beispielgebäude (s. S. 75/76) ergeben sich die monatlichen Reduzierungen ΔQ_{il} der Wärmeverluste durch intermittierende Beheizung (Nachtabschaltung) zu:

Fall 1: ohne Nachweis der Luftdichtheit der Gebäudehülle
pauschalierte Berücksichtigung der Wärmebrücken

Monat	Jan	Feb	Mär	Apr	Mai	Jun	Jul	Aug	Sep	Okt	Nov	Dez
ΔQ_{il} [kWh]	153,32	118,18	96,85	55,77	37,00	19,37	6,07	4,25	27,00	60,11	88,84	123,34

Fall 2: ohne Nachweis der Luftdichtheit der Gebäudehülle
rechnerische Ermittlung der Wärmebrückeneffekte

Monat	Jan	Feb	Mär	Apr	Mai	Jun	Jul	Aug	Sep	Okt	Nov	Dez
ΔQ_{il} [kWh]	145,23	111,84	91,51	52,59	34,89	18,26	5,72	4,00	25,46	56,70	83,92	116,69

Fall 3: mit Nachweis der Luftdichtheit der Gebäudehülle
pauschalierte Berücksichtigung der Wärmebrücken

Monat	Jan	Feb	Mär	Apr	Mai	Jun	Jul	Aug	Sep	Okt	Nov	Dez
ΔQ_{il} [kWh]	132,02	102,50	84,99	49,73	33,00	17,28	5,41	3,79	24,08	53,56	78,11	107,25

Fall 4: mit Nachweis der Luftdichtheit der Gebäudehülle
rechnerische Ermittlung der Wärmebrückeneffekte

Monat	Jan	Feb	Mär	Apr	Mai	Jun	Jul	Aug	Sep	Okt	Nov	Dez
ΔQ_{il} [kWh]	124,37	96,50	79,94	46,72	31,00	16,23	5,08	3,56	22,62	50,31	73,45	100,95

Ermittlung des Jahres-Heizwärmebedarfs im Monatsbilanzverfahren

Mit den monatsweise ermittelten Wärmeverlusten $Q_{l,M}$ und Wärmegewinnen $Q_{g,M}$ sowie den monatsbezogenen Ausnutzungsgraden η_M lässt sich der monatsbezogene Heizwärmebedarf $Q_{h,M}$ entsprechend der bereits im Anfang des Kapitels 3.2.3 erläuterten Gleichung berechnen.

$$Q_{h,M} = Q_{l,M} - \eta_M \cdot Q_{g,M} \qquad \text{(Gl. 3.28)}$$

Die Summe der positiven Werte $Q_{h,M}$ ergibt dann den Jahres-Heizwärmebedarf Q_h.

Für das Beispielwohnhaus ergeben sich für die entsprechenden betrachteten Fälle nachfolgend aufgeführte Werte des Jahres-Heizwärmebedarfs:

Fall 1a: ohne Nachweis der Luftdichtheit der Gebäudehülle pauschalierte Berücksichtigung der Wärmebrücken

Monat	Jan	Feb	Mär	Apr	Mai	Jun	Jul	Aug	Sep	Okt	Nov	Dez
$Q_{l,M}$-ΔQ_{il} [kWh]	3484	2853	2557	1578	1047	548	172	120	764	1699	2375	3038
$Q_{g,M}$ [kWh]	825,1	793,8	975,9	1299	1332	1380	1456	1261	1138	971,1	805,6	742,3
η	1,000	1,000	1,000	0,955	0,759	0,397	0,118	0,095	0,662	0,995	1,000	1,000
$Q_{h,M}$ [kWh]	2659	2059	1582	337	36	0	0	0	10	733	1570	2296
Q_h [kWh]	11282											

Fall 1b: wie Fall 1a, jedoch unter Berücksichtigung einer täglichen 7-stündigen Nachtabschaltung

Monat	Jan	Feb	Mär	Apr	Mai	Jun	Jul	Aug	Sep	Okt	Nov	Dez
$Q_{l,M}$-ΔQ_{il} [kWh]	3331	2735	2460	1522	1010	529	166	116	737	1639	2286	2915
$Q_{g,M}$ [kWh]	825,1	793,8	975,9	1299	1332	1380	1456	1261	1138	971,1	805,6	742,3
η	1,000	1,000	1,000	0,946	0,737	0,383	0,114	0,092	0,641	0,994	1,000	1,000
$Q_{h,M}$ [kWh]	2506	1941	1485	293	29	0	0	0	8	674	1481	2172
Q_h [kWh]	10589											

Fall 2a: ohne Nachweis der Luftdichtheit der Gebäudehülle
rechnerische Ermittlung der Wärmebrückeneffekte

Monat	Jan	Feb	Mär	Apr	Mai	Jun	Jul	Aug	Sep	Okt	Nov	Dez
$Q_{l,M}-\Delta Q_{il}$ [kWh]	3382	2768	2482	1531	1016	532	167	117	742	1649	2305	2948
$Q_{g,M}$ [kWh]	825,1	793,8	975,9	1299	1332	1380	1456	1261	1138	971,1	805,6	742,3
η	1,000	1,000	1,000	0,950	0,742	0,386	0,114	0,093	0,645	0,995	1,000	1,000
$Q_{h,M}$ [kWh]	2557	1975	1506	297	28	0	0	0	8	683	1500	2206
Q_h [kWh]	10760											

Fall 2b: wie Fall 2a, jedoch unter Berücksichtigung einer täglichen
7-stündigen Nachtabschaltung

Monat	Jan	Feb	Mär	Apr	Mai	Jun	Jul	Aug	Sep	Okt	Nov	Dez
$Q_{l,M}-\Delta Q_{il}$ [kWh]	3237	2656	2390	1478	981	514	161	113	717	1592	2221	2831
$Q_{g,M}$ [kWh]	825,1	793,8	975,9	1299	1332	1380	1456	1261	1138	971,1	805,6	742,3
η	1,000	1,000	1,000	0,940	0,720	0,372	0,110	0,089	0,624	0,993	1,000	1,000
$Q_{h,M}$ [kWh]	2411	1863	1415	257	22	0	0	0	6	628	1416	2090
Q_h [kWh]	10108											

Fall 3a: mit Nachweis der Luftdichtheit der Gebäudehülle
pauschalierte Berücksichtigung der Wärmebrücken

Monat	Jan	Feb	Mär	Apr	Mai	Jun	Jul	Aug	Sep	Okt	Nov	Dez
$Q_{l,M}-\Delta Q_{il}$ [kWh]	3280	2686	2408	1486	986	516	162	113	719	1600	2236	2860
$Q_{g,M}$ [kWh]	825,1	793,8	975,9	1299	1332	1380	1456	1261	1138	971,1	805,6	742,3
η	1,000	1,000	1,000	0,944	0,724	0,374	0,111	0,090	0,627	0,994	1,000	1,000
$Q_{h,M}$ [kWh]	2455	1892	1432	259	21	0	0	0	5	634	1431	2118
Q_h [kWh]	10248											

Fall 3b: wie Fall 3a, jedoch unter Berücksichtigung einer täglichen 7-stündigen Nachtabschaltung

Monat	Jan	Feb	Mär	Apr	Mai	Jun	Jul	Aug	Sep	Okt	Nov	Dez
$Q_{l,M}$- ΔQ_{il} [kWh]	3148	2583	2323	1436	953	499	157	109	695	1546	2158	2753
$Q_{g,M}$ [kWh]	825,1	793,8	975,9	1299	1332	1380	1456	1261	1138	971,1	805,6	742,3
η	1,000	1,000	1,000	0,934	0,703	0,362	0,107	0,087	0,607	0,993	1,000	1,000
$Q_{h,M}$ [kWh]	2323	1789	1347	223	17	0	0	0	4	582	1353	2011
Q_h [kWh]	9650											

Fall 4a: mit Nachweis der Luftdichtheit der Gebäudehülle rechnerische Ermittlung der Wärmebrückeneffekte

Monat	Jan	Feb	Mär	Apr	Mai	Jun	Jul	Aug	Sep	Okt	Nov	Dez
$Q_{l,M}$- ΔQ_{il} [kWh]	3178	2602	2332	1439	955	500	157	110	697	1550	2166	2771
$Q_{g,M}$ [kWh]	825,1	793,8	975,9	1299	1332	1380	1456	1261	1138	971,1	805,6	742,3
η	1,000	1,000	1,000	0,937	0,705	0,362	0,108	0,087	0,609	0,994	1,000	1,000
$Q_{h,M}$ [kWh]	2353	1808	1357	222	15	0	0	0	4	585	1361	2028
Q_h [kWh]	9733											

Fall 4b: wie Fall 4a, jedoch unter Berücksichtigung einer täglichen 7-stündigen Nachtabschaltung

Monat	Jan	Feb	Mär	Apr	Mai	Jun	Jul	Aug	Sep	Okt	Nov	Dez
$Q_{l,M}$- ΔQ_{il} [kWh]	3054	2505	2252	1392	924	484	152	106	674	1500	2093	2670
$Q_{g,M}$ [kWh]	825,1	793,8	975,9	1299	1332	1380	1465	1261	1138	971,1	805,6	742,3
η	1,000	1,000	1,000	0,925	0,685	0,351	0,104	0,084	0,590	0,992	1,000	1,000
$Q_{h,M}$ [kWh]	2228	1711	1277	190	12	0	0	0	3	536	1287	1927
Q_h [kWh]	9173											

3.2.3.5 Ermittlung des Jahres-Primärenergiebedarfs im Monatsbilanzverfahren

Die Nachweisziele der Energieeinsparverordnung sind bei Anwendung des Monatsbilanzverfahrens und bei Anwendung des „Vereinfachten Verfahrens" die gleichen:

- ❒ Begrenzung des auf die Gebäudenutzfläche bezogenen Jahres-Primärenergiebedarfs und
- ❒ Begrenzung der auf die wärmeübertragende Umfassungsfläche bezogenen Transmissionswärmeverluste

Eingangsgröße zur Bestimmung des Jahres-Primärenergiebedarfs ist der Jahres-Heizwärmebedarf, dessen Berechnung in den vorangegangenen Kapiteln beschrieben worden ist. Zu dem Jahres-Heizwärmebedarf Q_h wird zur Erfassung des Nutzwärmebedarfs für die Warmwasserbereitung ein Wert Q_w von 12,5 kWh/(m²·a) addiert. Das Produkt aus dieser Summe und der primärenergiebezogenen Anlagen-Aufwandszahl e_p ergibt dann den Wert des Jahres-Primärenergiebedarfs Q_p (siehe auch Kapitel 3.2.3).

$$Q_P = e_P \cdot (Q_h + Q_W) \qquad \text{(Gl. 3.11)}$$

Bei Wohngebäuden wird der Jahres-Primärenergiebedarf auf die Gebäudenutzfläche A_N bezogen, während die Transmissionswärmeverluste auf die wärmeübertragende Umfassungsfläche bezogen werden. Für beide Nachweiskriterien sind die Grenzwerte der Tafel 3.7 einzuhalten.

Für das Beispielwohnhaus (s. S. 75/76) ergeben sich für die entsprechenden betrachteten Fälle nachfolgend aufgeführte Werte der Transmissionswärmeverluste und des Jahres-Heizwärmebedarfs. Die für die weitere Nachweisführung erforderlichen geometrischen Daten wurden bereits im Kapitel 3.2.2.5 ermittelt. Ebenso wurden dort bereits die einzuhaltenden Grenzwerte berechnet. Dies sind:

zul H_T' = 0,50 W/(m²·K)
zul Q_p'' = 116,41 kWh/(m²·a)

Fall	H_T [W/K]	A [m²]	H_T' [W/(m²·K)]	Q_h [kWh]	A_N [m²]	Q_h'' [kWh/m²]	Q_w [kWh/m²]	zul e_p
1a ohne Nachweis der Luftdichtheit der Gebäudehülle; pauschalierte Berücksichtigung der Wärmebrücken	136,6	387,12	0,35	11282	166,4	67,80	12,5	1,45
1b wie Fall 1a, jedoch unter Berücksichtigung einer täglichen 7-stündigen Nachtabschaltung	136,6	387,12	0,35	10589	166,4	63,64	12,5	1,52
2a ohne Nachweis der Luftdichtheit der Gebäudehülle; rechnerische Ermittlung der Wärmebrückeneffekte	129,8	387,12	0,34	10760	166,4	64,66	12,5	1,50
2b wie Fall 2a, jedoch unter Berücksichtigung einer täglichen 7-stündigen Nachtabschaltung	129,8	387,12	0,34	10108	166,4	60,75	12,5	1,59

Fall	H_T [W/K]	A [m²]	H_T' [W/(m²·K)]	Q_h [kWh]	A_N [m²]	Q_h'' [kWh/m²]	Q_w [kWh/m²]	zul e_p
3a mit Nachweis der Luftdichtheit der Gebäudehülle; pauschalierte Berücksichtigung der Wärmebrücken	136,6	387,12	0,35	10248	166,4	61,59	12,5	1,57
3b wie Fall 3a, jedoch unter Berücksichtigung einer täglichen 7-stündigen Nachtabschaltung	136,6	387,12	0,35	9650	166,4	57,99	12,5	1,65
4a mit Nachweis der Luftdichtheit der Gebäudehülle; rechnerische Ermittlung der Wärmebrückeneffekte	129,8	387,12	0,34	9733	166,4	58,49	12,5	1,64
4b wie Fall 4a, jedoch unter Berücksichtigung einer täglichen 7-stündigen Nachtabschaltung	129,8	387,12	0,34	9173	166,4	55,13	12,5	1,72

Die Ergebnisse der Beispielrechnungen zeigen, wie Anlagentechnik, Bautechnik und gewähltes Berechnungsverfahren im Rahmen der Nachweisführung der Energieeinsparverordnung ineinander greifen. Eine energetisch weniger leistungsfähige Baukonstruktion kann durch eine leistungsfähige Heiz- und Lüftungsanlage ebenso zur Erfüllung der Nachweisziele kompensiert werden, wie eine weniger leistungsfähige Heiz- und Lüftungsanlage durch moderne energetisch leistungsfähige Bauweisen.

3.2.4 Gegenüberstellung der Nachweisverfahren

Die Energieeinsparverordnung bietet dem Planer zwei Methoden für den öffentlich-rechtlichen Nachweis eines energiesparenden Wärmeschutzes im Wohnungsbau an. Während das „Vereinfachte Verfahren“ weitestgehend festgelegte Randbedingungen zugrunde legt, erlaubt das Monatsbilanzverfahren dem Planer die Berücksichtigung einiger energetisch relevanter Einflussgrößen, ohne jedoch die Variantenvielfalt der Nachweisführung nach DIN EN 832 bzw. DIN V 4108-6 zu erlangen.

Die Tafel 3.22 stellt die wesentlichen Unterschiede des „Vereinfachten Verfahrens“ und des Monatsbilanzverfahrens gegenüber.

Tafel 3.22: Randbedingungen der Nachweisführung im Vereinfachten Verfahren und Monatsbilanzverfahren nach Energieeinsparverordnung

Kriterium	Vereinfachtes Verfahren	Monatsbilanzverfahren
klimatische Randbedingung	Referenzklima Deutschland	
Heizperiode	185 Tage	
Heizgrenztemperatur	10 °C	
Soll-Innentemperatur	19 °C	
Gebäudeart	Wohngebäude	alle Gebäude
Fensterflächenanteil	≤ 30 %	nicht begrenzt
Nachtabsenkung	Berücksichtigung obligatorisch	Berücksichtigung optional
Wärmespeicherfähigkeit der Bauteile	wird nicht berücksichtigt	wird berücksichtigt
Wärmegewinne	jahresbezogen: $Q_i + Q_s$	monatsbezogen: $\Phi_{g,M} = 0{,}024 \cdot (\Phi_{s,M} + \Phi_{i,M}) \cdot t_M$
interne Wärmegewinne	$Q_i = 22 \cdot A_N$	$\Phi_{i,M} = q_{i,M} \cdot A_N$
solare Wärmegewinne	$Q_s = \sum_j \left((I_s)_{j,HP} \cdot \sum_i 0{,}567 \cdot g_{j,i} \cdot A_{j,i} \right)$	$\Phi_{i,M} = \sum_j \left(I_{s,j} \cdot \sum_j^n A_{s,ji} \right)$

Fortsetzung siehe nächste Seite

Fortsetzung von Tafel 3.22

Kriterium	Vereinfachtes Verfahren	Monatsbilanzverfahren
Wärmeverluste	jahresbezogen: $66 \cdot (H_T + H_V)$	monatsbezogen: $Q_{l,M} = 0{,}024 \cdot (H_T + H_V) \cdot (\theta_i - \theta_{e,M}) \cdot t_M$
Transmissions-wärmeverluste	$H_T = \sum (F_{xi} \cdot U_i \cdot A_i) + 0{,}05 \frac{W}{m^2 \cdot K} \cdot A$	$H_T = \sum_i (F_{xi} \cdot U_i \cdot A_i) + H_{WB} + \Delta H_{T,FH}$
Reduktionsfaktoren für	• Außenwand, Dach, oberste Geschossdecke, Abseitenwand, Wände und Decken zu unbeheizten Räumen, unterer Gebäudeabschluss	• Außenwand, Dach, oberste Geschossdecke, Abseitenwand, Wände und Decken zu unbeheizten Räumen zusätzlich: • Wände und Fenster zu unbeheizten Glasvorbauten • detaillierte Werte für Keller und erdberührte Bauteile
Wärmebrücken	• pauschal erfasst (0,05 · A)	• pauschal erfasst (0,05 · A) oder • pauschal erfasst (0,10 · A) oder • exakte Erfassung (ψ-Werte)
Lüftungswärme-verluste H_V	• $H_V = 0{,}19 \cdot V_e$ bzw. • $H_V = 0{,}163 \cdot V_e$	$H_V = 0{,}34 \frac{Wh}{m^3 \cdot K} \cdot n \cdot V$
Jahres-Heizwärme-bedarf	$Q_h = 66 \cdot (H_T + H_V) - 0{,}95 \cdot (Q_s + Q_i)$	$Q_h = \sum_M Q_{h,M/pos}$ mit $Q_{h,M} = Q_{l,M} - \eta_M \cdot Q_{g,M}$
Jahres-Primärenergie-bedarf	$Q_P = e_p \cdot (Q_h + Q_w)$	

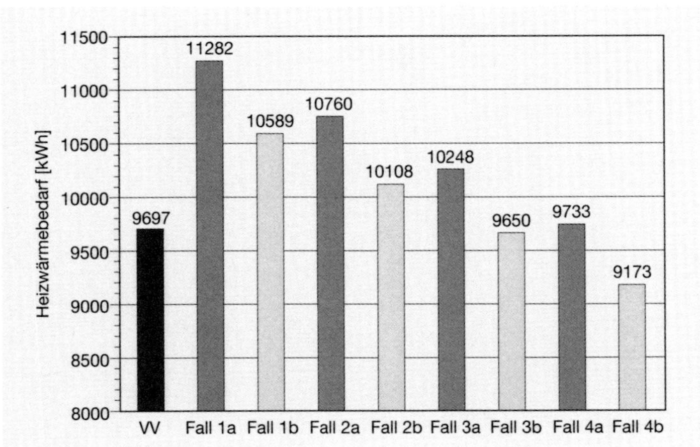

Bild 3.13: Ergebnisse der Berechnung des Jahres-Heizwärmebedarfs für ein Beispielwohngebäude (VV: Vereinfachtes Nachweisverfahren; Fall 1a bis 4b siehe Kap. 3.2.3.5)

Für das Beispielwohnhaus ist der Jahres-Primärenergiebedarf bzw. Jahresheizwärmebedarf sowohl mit dem „Vereinfachten Verfahren" als auch mit dem Monatsbilanzverfahren ermittelt worden, wobei bei letztgenanntem nochmals verschiedene Fälle unterschieden wurden (siehe Kap. 3.2.3.5). Bild 3.13 stellt die Berechnungsergebnisse für den Jahresheizwärmebedarf vergleichend gegenüber.

Das Beispiel verdeutlicht, dass das „Vereinfachte Verfahren" und das Monatsbilanzverfahren in etwa gleiche Ergebnisse liefern, wenn die Eingangsparameter die gleichen sind. Im Fall 3b wurde ein Nachweis der Gebäudedichtheit, eine pauschalierte Berücksichtigung des Wärmebrückeneinflusses und eine Nachtabschaltung rechnerisch in Ansatz gebracht, ebenso wie es im „Vereinfachten Verfahren" obligatorisch ist. Die Berechnungsergebnisse unterscheiden sich nur um rund 0,5 %. Die Ergebnisse zeigen ebenso, dass zur Nutzung des baulichen Potentials eines energiesparenden Wärmeschutzes eine exakte Ermittlung der Transmissionswärmeverluste durch Wärmebrücken ebenso erforderlich ist wie der Ansatz der Nachtabschaltung der Heizanlage (Fall 4b).

3.3

Zu errichtende Gebäude mit niedrigen Innentemperaturen

3.3.1

Anforderungen an die wärmeübertragende Umfassungsfläche

Gebäude mit niedrigen Innentemperaturen im Sinne der Energieeinsparverordnung sind solche, die nach ihrem Verwendungszweck auf eine Innentemperatur von mehr als 12 °C und weniger als 19 °C sowie jährlich mehr als vier Monate beheizt werden. Für diese Gebäude wird auf eine Begrenzung des Primärenergiebedarfs oder des Jahres-Heizwärmebedarfs verzichtet. Die Energieeinsparverordnung stellt lediglich Anforderungen an die wärmeübertragende Umfassungsfläche zur Begrenzung des Transmissionswärmeverlustes. Der verbleibende Einfluss der Wärmebrücken ist bei der Ermittlung des Transmissionswärmeverlustes zu berücksichtigen. Neben dieser Hauptanforderung sind jedoch noch die generellen Anforderungen an Mindestwärmeschutz, Gebäudedichtheit bzw. Mindestluftwechsel und heizungstechnische bzw. Warmwasseranlagen zu erfüllen.

Die Energieeinsparverordnung begrenzt in ihrer Hauptanforderung den *spezifischen, auf die wärmeübertragende Umfassungsfläche bezogenen Transmissionswärmeverlust* H_T'. H_T' ist hierbei ein näherungsweise über die wärmeübertragende Außenfläche gemittelter Wärmedurchgangskoeffizient (U-Wert) unter Berücksichtigung von Temperatur-Korrekturfaktoren und Wärmebrückenverlusten. Für kompakte Gebäudeformen mit einem vergleichsweise kleinen Verhältnis von wärmeübertragender Umfassungsfläche zum beheizten Gebäudevolumen (A/V_e) lässt die Energieeinsparverordnung höhere Werte für H_T' zu.

Tafel 3.23: Höchstwerte des spezifischen, auf die wärmeübertragende Umfassungsfläche bezogenen Transmissionswärmeverlustes

A/V_e [1] [1/m]	≤ 0,20	0,30	0,40	0,50	0,60	0,70	0,80	0,90	≥ 1,00
Höchstwerte H_T' [2] [W/(m² · K)]	1,03	0,86	0,78	0,73	0,70	0,67	0,66	0,64	0,63

[1] Die Werte für A und V_e sind nach Kapitel 3.1.10 „Geometrische Gebäudekenndaten" zu ermitteln.

[2] Zwischenwerte sind nach folgender Gleichung zu ermitteln: $H_T' = 0{,}53 + 0{,}1 \cdot V_e / A$ in W/(m² · K).

Der vorhandene spezifische, auf die wärmeübertragende Umfassungsfläche bezogene Transmissionswärmeverlust H_T' lässt sich nach Gl. 3.50 aus dem spezifischen Transmissionswärmeverlust H_T und der wärmeübertragenden Umfassungsfläche A bestimmen.

$$H_T' = H_T / A \qquad \text{(Gl. 3.50)}$$

Dieser darf den für die gegebene Gebäudegeometrie (Verhältnis A/V_e) zulässigen Höchstwert nach Tafel 3.23 nicht überschreiten.

Ermittlung des spezifischen Transmissionswärmeverlustes

Der spezifische Transmissionswärmeverlust ist nach DIN V 4108-6:2000-11 [4] zu bestimmen. Die Randbedingungen des Anhangs D dieser Norm (Berechnungsverfahren für den öffentlich-rechtlichen Nachweis) werden für Gebäude mit niedrigen Innentemperaturen explizit nicht in Bezug genommen. Die Energieeinsparverordnung lässt für Gebäude mit niedrigen Innentemperaturen somit exaktere Berechnungsverfahren als für solche mit normalen Innentemperaturen zu. Für den spezifischen Transmissionswärmeverlust H_T von Bauteilen gilt demnach allgemein:

$$H_T = \sum_i U_i \cdot A_i + H_u + L_S + H_{WB} + \Delta H_{T,FH} \qquad \text{(Gl. 3.51)}$$

Hierbei sind:
- U_i: der Wärmedurchgangskoeffizient der Fläche i
- A_i: eine wärmeübertragende Fläche i zur Außenluft
- H_u: der spezifische Transmissionswärmeverlust an nicht oder niedrig beheizten Räumen sowie ggf. Wärmeverlust von erdberührten Bauteilen (vereinfachtes Verfahren)
- L_S Wärmeverlust von erdberührten Bauteilen an das Erdreich (genaueres Verfahren nach Anhang E der DIN V 4108-6)
- H_{WB}: die Transmissionswärmeverluste infolge Wärmebrücken
- $H_{T,FH}$: die Transmissionswärmeverluste an Bauteilen mit integrierten Heizflächen

Für den Wärmeverlust über Flächen zu nicht oder niedrig beheizten Räumen oder ggf. erdberührten Flächen H_u gilt hierbei:

$$H_u = \sum_i F_x \cdot (U_i \cdot A_i) \qquad \text{(Gl. 3.52),}$$

wobei F_x der Temperatur-Korrekturfaktor für das Bauteil x ist.

Bei der Berechnung von H_u lässt die Energieeinsparverordnung die vereinfachte Berechnung mit den Temperatur-Korrekturfaktoren zu, wie sie bei der Ermittlung der Transmissionswärmeverluste für Neubauten mit normalen Innentemperaturen im Monatsbilanzverfahren angesetzt werden. Mit diesen lassen sich neben den Wärmeverlusten zu nicht oder niedrig beheizten Räumen (H_u) auch vereinfachend die Wärmeverluste von erdberührten Bauteilen berechnen. Mit diesem vereinfachten Ansatz mittels Temperatur-Korrekturfaktoren lässt sich die Gleichung 3.51 vereinfachend in die bereits aus dem Kapitel 3.2.3.1 bekannte Gleichung 3.31 überführen:

$$H_T = \sum_i (F_x \cdot U_i \cdot A_i) + H_{WB} + \Delta H_{T,FH} \qquad \text{(Gl. 3.31)}$$

Hierbei sind:
- A_i: eine wärmeübertragende Fläche i zur Außenluft, zu unbeheizten Räumen oder zum Erdreich

- U_i: der Wärmedurchgangskoeffizient der Fläche i (Berechnung siehe Kap. 3.2.2.3.)
- $F_{x,i}$: der Temperatur-Korrekturfaktor für die Fläche i
- H_{WB}: die Transmissionswärmeverluste infolge Wärmebrücken
- $H_{T,FH}$: die Wärmeverluste an Bauteilen mit integrierten Heizflächen

Die Summanden H_u und L_S aus Gleichung 3.51 fließen in den Summanden $F_{x,i} \cdot U_i$ ein. In Einzelfällen kann auch ein genauerer Nachweis nach Gl. 3.51 und Gl. 3.52 sinnvoll sein und zu wirtschaftlicheren Ergebnissen führen. Hierzu sind die Temperatur-Korrekturfaktoren nach DIN EN ISO 13789 [3.20] zu ermitteln.

Im Weiteren erfolgt die vereinfachte Berechnung des spezifischen Transmissionswärmeverlustes H_T in Analogie zum Abschnitt der Ermittlung des spezifischen Transmissionswärmeverlustes für zu errichtende Gebäude mit normalen Innentemperaturen im Monatsbilanzverfahren (Kapitel 3.2.3.1). Für die Berechnung des Wärmedurchgangskoeffizienten U werden die gleichen Bemessungsgrundlagen herangezogen, wie sie in den Kapiteln 2.1.2 (Berechnung des Wärmedurchgangskoeffizienten) und 3.2.2.3 (Wärmeverluste) erläutert werden.

Temperatur-Korrekturfaktoren für Bauteile, die die beheizte Zone gegen die Außenluft, niedrig beheizte oder unbeheizte Räume begrenzen, sind im Kapitel 3.2.3.1, Tafel 3.17 wiedergegeben. Temperatur-Korrekturfaktoren für Keller und erdberührte Bauteile finden sich dort in Tafel 3.18, wodurch die Wärmeverluste über das Erdreich beschrieben werden können. Im Besonderen ergeben sich für zu errichtende Gebäude mit ausgedehnten Grundflächen mit zunehmendem Verhältnis B' (Verhältnis von Bodengrundfläche zu ihrem halben Umfang) abnehmende Temperatur-Korrekturfaktoren. Bei aneinander gereihten Gebäuden dürfen die Gebäudetrennwände als wärmeundurchlässig angenommen werden.

Auch die Berücksichtigung des Einflusses von Wärmebrücken und Wärmeverlusten an Bauteilen mit integrierten Heizflächen erfolgt wie beim Monatsbilanzverfahren für Gebäude mit normalen Innentemperaturen (Kapitel 3.2.3.1).

Da die Ermittlung des spezifischen Transmissionswärmeverlustes H_T lediglich von den Bauteileigenschaften bestimmt wird, also seine Ermittlung unabhängig von den Heizgradtagzahlen bzw. Innentemperaturen erfolgt, beschreibt das im zuvor genannten Kapitel aufgeführte Beispiel zur Berechnung von H_T auch die Vorgehensweise, wie sie bei der Ermittlung des spezifischen Transmissionswärmeverlusts H_T für zu errichtende Gebäude mit niedrigen Innentemperaturen anzuwenden ist.

3.4

Bestehende Gebäude (mit normalen und niedrigen Innentemperaturen) und Neubauten mit geringem Volumen

Bei bestehenden Gebäuden werden in Verbindung mit ohnehin anstehenden Instandsetzungs-, Modernisierungs- oder Austauschmaßnahmen „bedingte Wärmeschutzanforderungen" gefordert. Die bereits aus der Wärmeschutzverordnung 1995 bekannten Anforderungen zur Begrenzung der Wärmedurchgangskoeffizienten bei erstmaligem Einbau, Ersatz und Erneuerung von Bauteilen sind aber mit der Energieeinsparverordnung verschärft worden. Dabei wurden die Tatbestände, bei denen die Anforderungen einzuhalten sind, erweitert (z.B. Außentüren, Entfernen und Erneuerung des Außenputzes). Aber auch ohne vorgesehene Erneuerungsmaßnahmen ergibt sich aus der Energieeinsparverordnung in begrenztem Umfang eine Nachrüstungsverpflichtung für bestimmte Anlagen und Gebäudeteile.

Darüber hinaus darf die energetische Qualität von Gebäuden nicht durch eine Verringerung des bestehenden Wärmeschutzes vermindert werden. Auch darf bei einem späteren Austausch der Anlagentechnik die neu installierte Anlage nicht weniger effizient sein als die ursprüngliche, sofern diese bereits seinerzeit durch energiesparrechtliche Vorschriften des Bundes erfasst war. Energiebedarfssenkende Einrichtungen sind betriebsbereit zu halten und bestimmungsgemäß zu nutzen.

3.4.1

Anforderungen an die Höchstwerte der Wärmedurchgangskoeffizienten bei erstmaligem Einbau, Ersatz und Erneuerung von Bauteilen und bei Neubauten mit geringem Volumen

Werden bei Außenwänden, außenliegenden Fenstern, Fenstertüren und Dachflächenfenstern mindestens 20 % der Bauteilflächen gleicher Orientierung oder bei anderen Außenbauteilen mindestens 20 % der betreffenden Bauteilfläche verändert, so dürfen die in Tafel 3.24 festgelegten Wärmedurchgangskoeffizienten der betreffenden Außenbauteile nicht überschritten werden.

Übersteigt das beheizte Volumen eines *neu zu errichtenden Gebäudes 100 m³* nicht, gelten die wärmeschutztechnischen Anforderungen der Energieeinsparverordnung als erfüllt, wenn die Wärmedurchgangskoeffizienten der Tafel 3.24 nicht überschritten werden und gleichzeitig die Nebenanforderungen an die Anlagentechnik (heizungstechnische Anlagen, Warmwasseranlagen) erfüllt werden.

Sofern das geänderte Gebäude insgesamt die Anforderungen an Neubauten hinsichtlich des Jahres-Primärenergiebedarfs (normale Innentemperaturen) und des spezifischen, auf die wärmeübertragende Umfassungsfläche bezogenen Transmissionswärmeverlusts (normale und niedrige Innentemperaturen) um höchstens 40 % überschreitet, gelten die zuvor beschriebenen Grenzwerte als erfüllt. Möchte der Bauherr diese Regelung anwenden, muss er für das gesamte Gebäude den Jahres-Primärenergiebedarf bzw. spezifischen Transmissionswärmeverlust ermitteln.

Tafel 3.24: Höchstwerte der Wärmedurchgangskoeffizienten bei erstmaligem Einbau, Ersatz und Erneuerung von Bauteilen und für Neubauten unter 100 m³ beheiztem Gebäudevolumen

Bauteil (Ersatz, erstmaliger Einbau oder Erneuerung)	Gebäude mit normalen Innentemperaturen	Gebäude mit niedrigen Innentemperaturen
	maximaler Wärmedurchgangskoeffizient U_{max} [W/(m²·K)]	
Außenwände allgemein (auch Ausfachungen in Fachwerkwänden)	0,45	0,75
Außenwände mit Bekleidung (Platten, Verschalungen oder Mauerwerks-Vorsatzschalen), zusätzlicher Dämmschicht oder bei Erneuerung des Außenputzes, wenn U_{Wand} > 0,9 W/(m²·K)	0,35	0,75
außenliegende Fenster(-türen), Vor- und Innenfenster, Dachflächenfenster[1]	1,7	2,8
Außentüren[1]	2,9	2,9
Verglasungen	1,5 (für Verglasung)	keine Anforderung
Vorhangfassaden	1,9	3,0
Fenster, wie vor, jedoch mit Sonderverglasungen[1] [2]	2,0	2,8
Sonderverglasungen[2]	1,6 (für Verglasung)	keine Anforderung
Vorhangfassaden mit Sonderverglasungen[2]	2,3	3,0
Steildächer: Decken, Dächer und Dachschrägen[3]	0,30	0,40
Flachdächer über beheizten Räumen	0,25	0,40
Decken und Wände gegen unbeheizte Räume oder Erdreich		
- außenseitige Erneuerung: Bekleidung, Verschalung, Feuchtigkeitssperren oder Drainagen; Deckenbekleidung auf Kaltseite	0,40	keine Anforderung
- innenseitige Erneuerung: Fußbodenaufbau, Bekleidung oder Verschalung an Wänden, Einbau von Dämmschichten	0,50	keine Anforderung

[1] gilt nicht für Schaufenster und Türanlagen aus Glas

[2] z.B. Schallschutzverglasungen mit $R_{w,R}$ = 40 dB; durchschuss- oder durchbruchhemmende Verglasung, Brandschutzglas

[3] Wird eine Zwischensparrendämmung ausgeführt und ist die Dämmschichtdicke wegen innenseitiger Bekleidung oder Sparrenhöhe begrenzt, so gilt die Anforderung als erfüllt, wenn die nach den Regeln der Technik höchstmögliche Dämmschichtdicke eingebaut wird.

Werden bestehende Gebäude dahingehend verändert, dass sie zusammenhängend um mindestens 30 m³ erweitert werden, sind für die neu zu erstellenden Gebäudeteile die jeweiligen Vorschriften für Neubauten einzuhalten. Das bedeutet zusammengefasst für Gebäudeerweiterungen:

- Unter 30 m^3 genügt die Begrenzung der Wärmedurchgangskoeffizienten nach vorstehender Tafel.
- Ab 30 m^3 bis 100 m^3 genügt die Begrenzung der Wärmedurchgangskoeffizienten nach vorstehender Tafel bei gleichzeitiger Erfüllung der Nebenanforderungen an die Anlagentechnik wie für Gebäude mit geringem Volumen.
- Bei Erweiterungen des beheizten Gebäudevolumens von mehr als 100 m^3 sind die Anforderungen an zu errichtende Gebäude (Neubauten mit normalen oder niedrigen Temperaturen) mit allen Nebenanforderungen der Energieeinsparverordnung zu erfüllen.

3.4.2 Nachrüstungsverpflichtung von Anlagen und Gebäudeteilen

Eine bauliche Nachrüstungsverpflichtung grundsätzlicher Art besteht für den Gebäudebestand mit normalen Innentemperaturen mit der Auflage, ungedämmte, nicht begehbare aber zugängliche *oberste Geschossdecken* beheizter Räume bis Ende des Jahres 2006 nachträglich zu dämmen. Der Wärmedurchgangskoeffizient U der Geschossdecke darf nach der Maßnahme 0,30 $W/(m^2 \cdot K)$ nicht überschreiten. Dies führt bei handelsüblichen Dämmstoffen (Wärmeleitfähigkeitsgruppe 035 bis 045) zu erforderlichen Dämmstoffdicken in einer Größenordnung von etwa 10 bis 14 cm. Begehbare Decken werden ausgenommen, weil hier die Wirtschaftlichkeit auf Grund einer bestehenden oder möglichen Nutzung des Dachraums oder späteren Ausbaus nicht gegeben wäre.

Die Energieeinsparverordnung sieht darüber hinaus eine anlagentechnische *Nachrüstungsverpflichtung für Heizkessel* vor, die vor dem 1.10.1978 eingebaut wurden. Diese müssen ebenfalls bis Ende 2006 ersetzt werden. Sofern an diesen Altanlagen Ertüchtigungen nach der 1. BImSchV durchgeführt oder nach dem 1.11.1996 die Brenner erneuert wurden, wird für die Erneuerung des Heizkessels ein Aufschub bis Ende 2008 gewährt. Ausgenommen von der Erneuerungsverpflichtung für Heizkessel sind Niedertemperatur-Heizkessel, Brennwertkessel und Anlagen mit Nennleistungen von weniger als 4 kW oder mehr als 400 kW sowie einige spezielle Arten von Heizkesseln.

Der jährliche Wärmeverlust, der durch ungedämmte Verteilleitungen und Armaturen im Kellerbereich verursacht wird, kann bei üblicher Auslegung des Rohrnetzes bis zu einem Viertel des Jahres-Heizenergieverbrauchs eines Wohngebäudes betragen. Von daher sind bis Ende 2006 ungedämmte, zugängliche *Wärmeverteilungs- und Warmwasserleitungen und Armaturen* in nicht beheizten Räumen nachträglich zu dämmen. Die erforderlichen Mindestdicken der Dämmschichten sind in Anhang 5 der Energieeinsparverordnung aufgeführt.

Die vorbeschriebenen Nachrüstungsverpflichtungen für oberste Geschossdecken, Heizkessel sowie Leitungen und Armaturen gelten für selbstgenutzten Wohnraum in Ein- und Zweifamilienhäusern nur dann, wenn ein Eigentümerwechsel stattfindet.

4 Feuchteschutz

Die Einwirkung von Feuchtigkeit war und ist immer ein Problem des Bauens und der Nutzung von Gebäuden. Bauliche Anlagen müssen so angeordnet, beschaffen und gebrauchstauglich sein, dass durch Wasser und Feuchtigkeit keine Gefahren oder unzumutbare Belästigungen entstehen. In Verbindung mit Heizungen sind heute gute wohnhygienische Bedingungen erreichbar.

Feuchteschutz und Wärmeschutz können nicht unabhängig voneinander betrachtet werden. Mangelhafter Feuchteschutz reduziert den Wärmeschutz und schlechter Wärmeschutz führt zu Feuchtigkeitsschäden.

4.1 Feuchtearten an Bauwerken

4.1.1 Luft und Feuchte

Luft kann in Abhängigkeit von Luftdruck und Temperatur unterschiedliche Mengen an Wasserdampf aufnehmen. Die in einem Luftvolumen vorhandene Feuchte kann entweder als absolute Wasserdampfmenge W in g/m^3 oder als relative Feuchte φ dargestellt werden.

Übersteigt die absolute Feuchte W die maximal aufnehmbare Wasserdampfmenge der Luft, fällt die Feuchte als Nebel oder Tauwasser aus. Unterschreitet hingegen die absolute Feuchte der Luft die Sättigungsdampfmenge, kann weiterer Wasserdampf aufgenommen werden. Der Zusammenhang zwischen Lufttemperatur, relativer Luftfeuchte und Taupunkttemperatur ist in Bild 4.1 dargestellt.

Bild 4.1: Zusammenhang zwischen Lufttemperatur, relativer Luftfeuchte und Taupunkttemperatur [4.13]

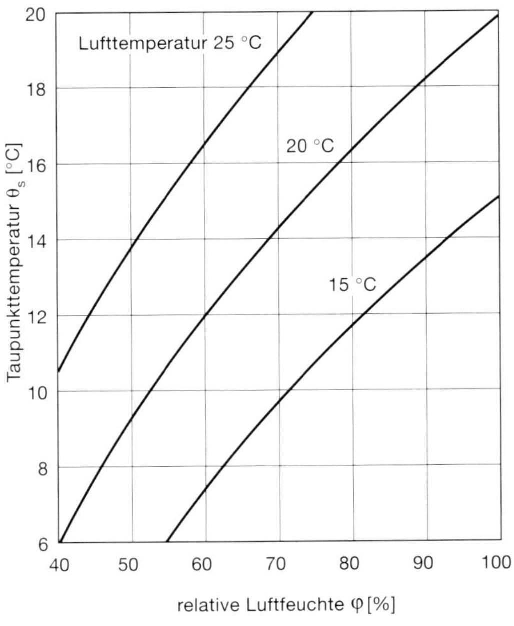

Luft-temperatur	Wassergehalt/ Wasserdampf-gehalt	Sättigungs-dampf-menge	relative Luft-feuchte	Tau-wasser-menge	aufnehmbarer Wasserdampf
°C	g/m³	g/m³	%	g/m³	g/m³
–10	8,00	2,14	100	5,86	–
+10	8,00	9,40	85	–	1,40
+30	8,00	30,30	26	–	22,30

Tafel 4.1: Abhängigkeit zwischen Lufttemperatur, Wassergehalt/Wasserdampfgehalt, Sättigungsdampfmenge, relativer Luftfeuchte, Tauwassermenge und aufnehmbarer Wasserdampfmenge am Beispiel eines Wassergehalts der Luft von 8,0 g/m³

Je weiter der Taupunkt unterschritten oder überschritten wird, desto größer wird die je Luftvolumen ausfallende Tauwassermenge oder aufnehmbare Feuchte.

In Tafel 4.1 wird die Abhängigkeit von Lufttemperatur, Wassergehalt/ Wasserdampfgehalt, relativer Luftfeuchte, Tauwassermenge und aufnehmbarer Feuchte an einem Beispiel dargestellt.

Beispiel:
Kühlt Luft mit einer Ausgangstemperatur von +10 °C und einer relativen Feuchte von 85 % auf –10 °C ab, so fällt Tauwasser in Höhe von 5,86 g/m³ an. Wird die gleiche Luft jedoch auf +30 °C erwärmt, kann sie theoretisch noch 22,3 g/m³ Wasserdampf aufnehmen.

Das Wasserdampfaufnahmevermögen der Luft steigt mit der Lufttemperatur überproportional an. Das Austrocknungsvermögen unter winter-

Lufttemperatur	Wassergehalt bei $\varphi = 1,0$	theor. Wasserdampfaufnahme bei Erhöhung der Lufttemperatur um 10 °C
°C	g/m³	g/m³
–10	2,14	2,70
0	4,84	4,56
+10	9,40	7,90
+20	17,30	13,00
+30	30,30	–

Tafel 4.2: Wasserdampfaufnahmevermögen von Luft unter vergleichbaren winterlichen und sommerlichen Bedingungen

lichen Verhältnissen beträgt bei gleichen Temperaturerhöhungen und Luftvolumina nur einen Bruchteil des Trocknungsvermögens im Sommer.

In Tafel 4.2 ist das Wasserdampfaufnahmevermögen der Luft in Abhängigkeit von der Lufttemperatur dargestellt, wenn im Ausgangszustand wasserdampfgesättigte Luft vorliegt und nachfolgend ohne Wasserdampfzufuhr die Lufttemperatur um 10 °C erhöht wird.

4.1.2 Baustoff und Feuchte

Baustoffe besitzen in der Regel einen Feuchtegehalt. Die in Baustoffen enthaltene Feuchte wird nach DIN EN ISO 9346 [4.1] als masse- oder auch als volumenbezogene Feuchte angegeben. Die massebezogene Feuchte **u** in kg/kg ergibt sich aus der feuchten Masse m_F und der trockenen Masse m_{tr} gemäß Gl. 4.1.

$$u = \frac{m_F - m_{tr}}{m_{tr}} \qquad \text{(Gl. 4.1)}$$

Die volumenbezogene Feuchte ψ in m^3/m^3 errechnet sich aus dem Volumen des verdampfbaren Wassers V_w und des Volumens V des Stoffes.

$$\psi = \frac{V_w}{V} \qquad \text{(Gl. 4.2)}$$

Die volumenbezogene Feuchte kann sowohl auf den feuchten als auch auf den trockenen Zustand bezogen werden. Wird ψ auf den trockenen Zustand bezogen, ergibt sich der Zahlenwert von ψ aus der Multiplikation von u mit der Rohdichte des Stoffes in kg/dm^3.

Die Ausgleichsfeuchte eines Baustoffes ist diejenige Feuchte, bei der ein Baustoff mit der Umgebungsluft im hygrischen Gleichgewicht steht. Sie hängt vom Baustoff und der relativen Feuchte der Umgebungsluft ab. Einige Anhaltswerte von Ausgleichsfeuchten von Baustoffen sind in Tafel 4.3 enthalten.

Die unterschiedliche Feuchte von Baustoffen wirkt sich bauphysikalisch in erster Linie auf die Wärmeleitfähigkeit aus. Mit zunehmender Feuchte nimmt die Wärmeleitfähigkeit der Baustoffe zu.

Zunehmende Feuchte in Baukonstruktionen begünstigt zudem Frostschäden, beschleunigt physikalische und chemische Verwitterungen und ist dauerhaft mit Formänderungen durch Quellen verbunden.

4.1.3 Bodenfeuchte und Grundwasser

Alle erdberührten Bauteile sind dauerhaft den in Böden vorkommenden Wässern ausgesetzt. Die im Boden vorkommenden Erscheinungsformen des Wassers können wie folgt beschrieben werden:

Baustoffe	massebezogener Feuchtegehalt[1+2] u [Masse-%]
Ziegel	1
Kalkstein	3
Beton mit geschlossenem Gefüge und dichten Gesteinskörnungen	2
Beton mit geschlossenem Gefüge und porigen Gesteinskörnungen	13
Leichtbeton mit haufwerksporigem Gefüge und dichten Gesteinskörnungen nach DIN 4226-1	3
Leichtbeton mit haufwerksporigem Gefüge und porigen Gesteinskörnungen nach DIN 4226-2	4,5
Porenbeton	6,5
Gips, Anhydrit	2
mineralische Faserdämmstoffe aus Glas-, Stein-, Hochofenschlacken-(Hütten)Fasern	1,5
Holz, Sperrholz, Spanplatten, Holzfaserplatten, Schilfrohrplatten und -matten, organische Faserdämmstoffe	15
Holzwolle-Leichtbauplatten	13
pflanzliche Faserdämmstoffe aus Seegras, Holz-, Torf- und Kokosfasern und sonstigen Fasern	15
Schaumkunststoffe aus Polystyrol, Poyurethan (hart)	1

Tafel 4.3: Ausgleichsfeuchtegehalte von Baustoffen [3.16]

1) Unter Ausgleichsfeuchtegehalt wird der Feuchtegehalt verstanden, der bei der Untersuchung genügend ausgetrockneter Bauten, die zum dauernden Aufenthalt von Personen dienen, in 90 % aller Fälle nicht überschritten wird oder der Feuchtegehalt, der nach E DIN EN ISO 12570 bestimmt wurde.

2) Siehe auch DIN EN ISO 9346

❒ Bodenfeuchte ist immer im Boden vorhandenes, kapillargebundenes und durch Kapillarkräfte auch entgegen der Schwerkraft fortleitbares Wasser (Saugwasser, Haftwasser, Kapillarwasser). Mit Bodenfeuchte ist zu rechnen, wenn das Baugelände bis zu einer ausreichenden Tiefe unter die Fundamentsohle stark wasserdurchlässig (Wasserdurchlässigkeitsbeiwert $k > 10^{-4}$ m/s) ist bzw. wenn bei weniger durchlässigen Böden eine Dränung vorhanden ist. Nicht stauendes Sickerwasser wird wie Bodenfeuchte behandelt.

- Aufstauendes Sickerwasser ist Wasser, das bei weniger wasserdurchlässigen Böden und bei nicht vorhandener Dränung zeitweise im Boden entsteht. Es ist bis 300 mm über Oberkante Gelände zu berücksichtigen.
- Nicht drückendes Wasser mit mäßiger und hoher Beanspruchung tritt als Niederschlagswasser, Sickerwasser, Brauchwasser oder aus Anstaubewässerungen bis maximal 100 mm Anstauhöhe auf. Nicht drückendes Wasser tritt auf Balkonen, in Nassräumen im Wohnungsbau, bei genutzten und begrünten Dachflächen u.ä. auf.
- Drückendes Wasser ist Grundwasser oder Hochwasser an erdberührten Wänden, Boden- und Deckenplatten unterhalb des Bemessungswasserstandes.

4.1.4 Baufeuchte

Baufeuchte ist die in Baukonstruktionen nach der Ausführung vorhandene Feuchte. Sie wird nicht nur durch die bei der Herstellung der Bauteile eingebrachte Feuchte, sondern auch durch die während der Bauzeit eingebrachte witterungsbedingte Feuchtemenge bestimmt.

Die Baufeuchte war in der Vergangenheit aufgrund der dicken Wandkonstruktionen und der schlechteren Heizung ein Problem. Deshalb wurden vor einem Jahrhundert gelegentlich noch Fristen in Monats- bis Jahresgröße gesetzt, die ein Bau austrocknen musste, ehe er bezogen

Tafel 4.4: Wassergehalt eines Betons für Außenbauteile C25/30, F3, Zementgehalt 300 kg/m³ (in Anlehnung an J. Dahms) [4.2]

Zustand des Betons	Wassergehalt kg/m³
Frischbeton freies Wasser	 175
Festbeton nach 7 Tagen chemisch gebundenes Wasser (Hydratationsgrad = 0,8) Feuchtemenge des Betons	 60 115
Festbeton nach 90 Tagen chemisch gebundenes Wasser (Hydratationsgrad = 0,9) durch 20 °C, 65 % r.F. entzogenes Wasser Feuchte des Betons	 68 ca. 60 ca. 47
Ausgleichsfeuchte von Beton mit geschlossenem Gefüge und dichten Gesteinskörnungen nach DIN 4108-4	ca. 45

werden sollte. Heute hat sich das Problem der Baufeuchte jedoch deutlich entspannt.

Hält sich die durch Witterung eingebrachte Baufeuchte in Grenzen, ist bei Gebäuden aus Betonbauteilen kaum eine bauphysikalische oder nutzungsseitige Beeinträchtigung zu erwarten. Tafel 4.4 zeigt, dass im Fall der Herstellung von Betonbauteilen aus Ortbeton, die sieben Tage in der Schalung verblieben oder diese Zeit nachbehandelt wurden, nach 90 Tagen praktisch ihre Ausgleichsfeuchte erreicht haben, wenn sie bei 20 °C und etwa 65 % relative Luftfeuchte natürlich austrocknen konnten. Sind jedoch die Lufttemperaturen geringer und die relative Luftfeuchte höher, ist die verbleibende Baufeuchte höher. Wird aber gleichzeitig die Luftwechselrate erhöht (Durchzug!), so kann die verbleibende höhere Baufeuchte weiter reduziert werden. Unter sommerlichen Bedingungen und hoher Luftwechselrate kann die angestrebte durchschnittliche Baufeuchte für Betonbauteile von ca. 2 M.-% bereits nach wenigen Monaten erreicht werden. Die Baufeuchte beeinflusst dann praktisch nicht mehr die Nutzungsbedingungen.

4.2 Feuchteaufnahme und Feuchtetransport in Bauteilen

4.2.1 Durchfeuchtung von Bauteilen

4.2.1.1 Restliche Baufeuchte

Wird beim Bau eines Gebäudes keine übermäßige Baufeuchte etwa durch winterliche Baubedingungen eingetragen, kann bei Einsatz von Bauteilen aus Beton davon ausgegangen werden, dass die Baufeuchten zu Beginn der Nutzung in der Regel noch um 1 bis 3 Vol.-% über der jeweiligen Ausgleichsfeuchte liegen.

Wenn zudem die Austrocknung eines Bauteils aus Normalbeton maximal eine Tiefe von 10 cm erreicht, fallen pro m^2 Umfassungsfläche und pro 1 Vol.-% zu hoher Baufeuchte ca. 1 kg/m^2 abzuführende Feuchte an. Diese Feuchte wird zu wesentlichen Teilen in Normalräumen mit einer Luftwechselrate von einem Wechsel pro Stunde ($n = 1\ h^{-1}$) innerhalb einer Woche schadlos abgeführt.

Die zusätzliche Entstehung von Baufeuchte durch betonspezifische Prozesse, z.B. durch Karbonatisierung, ist zu vernachlässigen.

4.2.1.2 Schlagregenbeanspruchung

Bei Regen kann Wasser in Außenbauteilen z.B. durch Kapillarwirkung eindringen. Fehlstellen, wie Spalten, Risse oder Ähnliches, können zusätzlich Regenwasser in und durch die Konstruktion leiten. Die Wasseraufnahme der Bauteile bei Schlagregen wird durch die Saugfähigkeit der Baustoffe bzw. deren Oberflächenschichten (z.B. Außenputz) bestimmt. Die Kenngröße für die Saugfähigkeit der Bau-stoffe ist der Wasseraufnahmekoeffizient w, der den zeitlichen Verlauf der Wasseraufnahme eines Materials wie folgt beschreibt:

$$w = \frac{W}{\sqrt{t}} \text{ in } kg/(m^2 \cdot \sqrt{h}) \qquad \text{(Gl. 4.3)}$$

In dieser Gleichung ist W die Wasseraufnahme in kg/m^2 und t die Zeit in h. Beispiele für Wasseraufnahmekoeffizienten enthält Tafel 4.5.

Der Wasseraufnahmekoeffizient w soll einen gewissen Wert nicht überschreiten, auch wenn die Austrocknung langfristig gesichert ist, um eine kurzfristige Feuchtigkeitserhöhung bei Regen zu begrenzen.

Tafel 4.5: Wasseraufnahmekoeffizienten von Baustoffen (nach Künzel und Schwarz [4.12])

Material	Wasseraufnahmekoeffizient w $kg/(m^2 \cdot \sqrt{h})$
Normalbeton	1,1 bis 1,8
Porenbeton	4,0 bis 7,7
Bimsbeton	1,9 bis 2,9
Gips	3,8 bis 7,0
Kalkzementputz	1,0 bis 5,0
Zementputz	0,1 bis 0,5
Kunststoffdispersionsbeschichtung	0,05 bis 0,2
Polymerbeschichtung	10^{-1} bis 10^{-5}

Hinsichtlich der Schlagregenbeanspruchung unterscheidet DIN 4108-3 [4.3] drei Beanspruchungsgruppen.

- Zur Beanspruchungsgruppe I (geringe Schlagregenbeanspruchung) rechnen Gebiete mit weniger als 600 mm Niederschlag pro Jahr sowie besonders windgeschützte Lagen, auch in Gebieten mit größeren Niederschlagsmengen.
- Zur Beanspruchungsgruppe II (mittlere Schlagregenbeanspruchung) zählen Gebiete mit Jahresniederschlagsmengen von 600 bis 800 mm und windgeschützte Lagen in Gebieten mit höheren Niederschlagsmengen sowie exponierte Lagen, die sonst in die Beanspruchungsgruppe I fallen würden.
- Zur Beanspruchungsgruppe III (starke Schlagregenbeanspruchung) rechnen Gebiete mit mehr als 800 mm Jahresniederschlag oder windreiche Gebiete mit geringeren Niederschlagsmengen sowie Hochhäuser oder Häuser in exponierten Lagen, die sonst in Beanspruchungsgruppe II fallen würden.

Erreicht die Oberflächentemperatur auf der Innenseite von Bauteilen die Taupunkttemperatur der Raumluft, so fällt auf diesen Flächen Tauwasser aus. Mit Tauwasserbildung auf Bauteilen ist zu rechnen, wenn

- die Wärmedämmung von Bauteilen unzureichend ist bzw. thermische und/oder geometrische Wärmebrücken vorhanden sind,
- zu hohe Raumluftfeuchten vorliegen oder
- ungünstige Anheizperioden auftreten.

Wärmedämmung von Bauteilen und Tauwasserbildung

Im stationären Zustand wird die Oberflächentemperatur eines Bauteils durch den Wärmedurchgangskoeffizienten U und die Lufttemperaturen auf beiden Seiten bestimmt. Bezeichnet man mit θ_{Li} und θ_{Le} die Lufttemperaturen auf der Innen- und Außenseite des Bauteils sowie mit θ_s die Taupunkttemperatur der Raumluft, so ergibt sich der höchst zulässige Wärmedurchgangskoeffizient zu

$$U_{zul} = R_{si} \cdot \frac{\theta_{Li} - \theta_s}{\theta_{Li} - \theta_{Le}} \qquad \text{(Gl. 4.4)}$$

Beispiel:
Bei einer Raumlufttemperatur θ_{Li} = + 20 °C und 50 % r.F. ergibt sich eine Taupunkttemperatur θ_s = + 9,3 °C (siehe auch Bild 4.1). Nimmt man eine Außenlufttemperatur θ_e = –15 °C an und berücksichtigt den üblichen inneren Wärmeübergangskoeffizienten R_{si} = 6 W/(m² · K), so ergibt sich ein zulässiger U-Wert, um Tauwasserbildung auf der Bauteiloberfläche zu vermeiden, von

$$U_{zul} = \frac{6 \cdot (20 - 9{,}3)}{20 + 15} = 1{,}83 \text{ W/(m}^2\text{·K)}.$$

Der Wert des Beispiels liegt nach der Energieeinsparverordnung deutlich über dem allgemeinen U-Wert von Außenwänden (s. z.B. Tafel 3.24), so dass eine Tauwasserbildung auf der inneren Bauteiloberfläche bei Einhaltung der EnEV nicht zu erwarten ist.

Im Falle von Fenstern und Türen, insbesondere wenn keine Wärmeschutzverglasung vorgesehen ist, kann dieser zulässige U-Wert auch überschritten werden und Tauwasserbildung auftreten.

Der erforderliche U-Wert kann auch überschritten werden, wenn eine unzureichend konstruierte und/oder ausgeführte Wärmebrücke, z.B. an Mauerfugen, Ringankern, Fensterstürzen u.ä., auftritt. Diese Stellen zeigen dann häufig eine dunkle Färbung bis zur Schimmelbildung, da sie während der kalten Jahreszeit mehrfach durchfeuchten. Die Feuchteschäden durch Wärmebrücken können sich umso ausgeprägter ausbilden, je höher die Luftfeuchte in den betreffenden Räumen ist.

Liegt der U-Wert der Außenwandkonstruktion in der Nähe des maximal zulässigen Wertes und betrachtet man eine Raumecke, so kann ebenfalls eine Tauwasserbildung auftreten, da sich in diesen Fällen aufgrund der gegenüber der Innenfläche größeren wärmeabgebenden Außenfläche die innere Oberflächentemperatur weiter absenkt und damit der Taupunkt unterschritten werden kann.

Ähnliche Probleme mit verbundener Tauwasserbildung können auftreten, wenn eine Wandfläche durch Möbel verstellt und damit der Nachschub warmer Raumluft an die Innenseite der Wand erschwert wird.

In allen angeführten Fällen kann die Tauwasserbildung an Innenflächen von Bauteilen jedoch sicher vermieden werden, wenn gemäß Gleichung 4.4 der U-Wert der Wandkonstruktion deutlich verbessert wird.

Tauwasserbildung aufgrund zu hoher Raumluftfeuchten

Steigt die relative Feuchte der Raumluft, steigt auch die Taupunkttemperatur der Raumluft. Erreicht die relative Feuchte 100%, fällt an allen Bauteilflächen mit Oberflächentemperaturen kleiner gleich der Raumlufttemperatur Tauwasser aus. Je niedriger die Oberflächentemperatur ist, umso mehr Tauwasser fällt aus. Diese Art der Tauwasserbildung tritt auf, wenn die Raumfeuchte durch Zuführung von Wasserdampf zu stark erhöht wird, z.B. in Bädern, Küchen u.ä. oder wenn warme Luft (mit entsprechend hohem Wasserdampfgehalt) in Räume mit geringerer Raumtemperatur gelangt. Der zweite Fall tritt insbesondere dann auf, wenn feuchte warme Sommerluft durch Lüften in Kellerräume gelangt. Kellerräume sollten aus diesem Grund im Sommer insbesondere in den Nachtstunden und nicht tagsüber belüftet werden.

Tauwasserbildung in Anheizperioden

Steigt in Anheizperioden die Raumlufttemperatur schneller als die Temperatur der inneren Bauteiloberfläche an und erhöht sich gleichzeitig die Raumluftfeuchte, können ebenfalls, jedoch nur zeitweise, Taupunktunterschreitungen auftreten. Diese Fälle treten z.B. dann ein, wenn sich mehrere Personen einschließlich durchnässter Oberbekleidung in Räumen aufhalten, die gerade angeheizt werden.

4.2.2 Feuchtetransport durch Bauteile und innere Kondensation

Der Feuchtetransport durch Betonbauteile erfolgt durch kapillare Wasserleitung oder Wasserdampfdiffusion. Je nach Dicke der Betonbauteile und der jeweiligen Beanspruchung tritt eine Kombination beider Vorgänge oder ein Wassertransport im Bauteil auf, dem jeweils nur ein Transportmechanismus zugrunde liegt. Günstigerweise lehnt man sich an das Arbeitsmodell für den Feuchtetransport in Betonplatten nach [4.4] an. Dementsprechend entsteht an der trockenen Innenseite ein

Austrocknungsbereich und an der feuchten Außenseite ein wassergesättigter Kapillarbereich. Beide Bereiche werden durch eigenfeuchten Beton mit konstanter Feuchte getrennt (siehe auch Bild 4.2). Die Dicken der sich einstellenden Austrocknungs- und Kapillarbereiche werden durch die Betongüte sowie die Herstellungs- und Umgebungsbedingungen bestimmt. Im Falle eines wasserundurchlässigen Betons mit w/z ≤ 0,55 geht man heute von einem Austrocknungsbereich bis etwa 80 mm und einem Kapillarbereich von kleiner 70 mm aus.

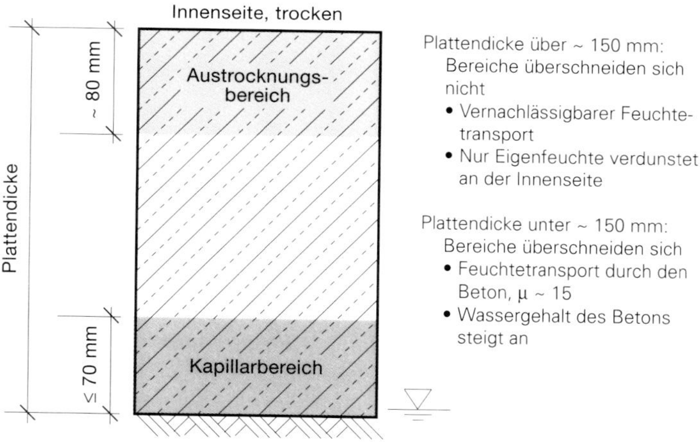

Bild 4.2: Arbeitsmodell für den Feuchtetransport in Betonplatten aus Beton mindestens der Festigkeitsklasse C30/37 [4.4]

Wenn auf beiden Seiten des Betonbauteils Austrocknungsbereiche entstehen, trocknen beide Seiten durch Wasserdampfdiffusion aus. Ist die Dicke des Betonbauteiles gering, überlagern sich die Austrocknungsbereiche oder der Austrocknungs- und der Kapillarbereich. Solange Wasser zur Verfügung steht, wird dieses vom Bauteilinneren nach außen oder von der einen auf die andere Seite des Betonbauteils transportiert. Ist die Dicke des Betonbauteils klein und überlagern sich Austrocknungs- und Kapillarbereich, überwiegt die kapillare Leitung des Wassers. Wird die Bauteildicke größer, verschiebt sich der Transportmechanismus des Wassers immer mehr in Richtung zur Wasserdampfdiffusion und kann durch innere Abdichtung vollkommen verhindert werden (siehe auch [4.5] und [4.6]).

4.2.2.1 Kapillarer Wassertransport

In einem Kapillarsystem kann Wasser vergleichsweise gut aufgenommen und auch wieder abgegeben werden. Ursache für die Wasserleitung in Kapillar- oder Porensystemen sind die unterschiedlichen Wasserdrücke im anstehenden Wasser und dem im Porensystem enthaltenen

Wasser sowie die Meniskenausbildung des Wassers in üblichen Kapillaren, wie sie in Zementstein vorliegen.

Reißt die kontinuierliche Wasserfüllung in Kapillaren ab, kann nur noch der deutlich langsamere Wassertransport über eine Wasserdampfdiffusion erfolgen.

Der kapillare Wassertransport betrifft sowohl das Eindringen von Wasser in Betonbauteile, z.B. bei wasserundurchlässigen (wu)-Konstruktionen durch drückendes Wasser infolge eines Überdruckes, als auch die Durchfeuchtung von Betonbauteilen durch kapillares Saugen.

Die kapillare Wasseraufnahme wird im Falle von wasserundurchlässigen Betonen nach DIN EN 12390-8 [4.7] über die Wassereindringtiefe bestimmt. Man geht heute davon aus, dass bei einem aufgebrachten Wasserdruck von 0,5 N/mm² nach drei Tagen das Wasser in einen wassergelagerten wasserundurchlässigen Betonprobekörper maximal 50 mm tief eindringt.

4.2.2.2 Wasserdampfdiffusion

Liegen an der Innen- und Außenseite eines Betonbauteils unterschiedliche Wasserdampfpartialdrücke vor und ist das Porensystem luftgefüllt, so findet in Richtung abnehmenden Wasserdampfdruckes eine Wasserdampfdiffusion statt. Die durch Wasserdampfdiffusion transportierte Wassermenge m_D wird über die Wasserdampf-Diffusionsstromdichte errechnet:

$$m_D = \frac{p_i - p_e}{1/\Delta} \qquad \text{(Gl. 4.5)}$$

In Gleichung 4.5 sind

- p_i = Wasserdampfteildruck an der Bauteil-Innenseite in Pa
- p_e = Wasserdampfteildruck an der Bauteil-Außenseite in Pa
- $1/\Delta$ = Wasserdampfdurchlasswiderstand in $m^2 \cdot h \cdot Pa/kg = 1{,}5 \cdot 10^6 \cdot \mu \cdot d$
- d = Dicke des Bauteils in m
- μ = Wasserdampf-Diffusionswiderstandszahl (s. Tafel 5.2).

Liegt ein mehrschichtiges Bauteil vor, ergibt sich

$$1/\Delta = 1{,}5 \cdot 10^6 \cdot (\mu_1 \cdot d_1 + \mu_2 \cdot d_2 + \mu_3 \cdot d_3 + \ldots + \mu_n \cdot d_n) \qquad \text{(Gl. 4.6)}$$

Beispiel:
Eine nicht hinterlüftete mehrschalige Außenwand aus
8 cm gestalteter Beton C20/25, $\rho = 2200$, $\mu = 120$
8 cm Hartschaumplatte mit Stahlanker, $\mu = 30$
15 cm Innenschale, C20/25, $\mu = 130$

hat im Winter bei einer Raumtemperatur von 20°C und 50 % relative Feuchte (p_i = 1170 Pa) und einer Außentemperatur von -10 °C und einer relativen Feuchte von 80 % (p_e = 208 Pa) folgenden Wasserdampfdurchgang von innen nach außen:

$$m_D = \frac{1170-208}{1{,}5 \cdot 10^6 \cdot (120 \cdot 0{,}08 + 30 \cdot 0{,}08 + 130 \cdot 0{,}15)} = \frac{962}{47{,}3 \cdot 10^6} = 20{,}3 \cdot 10^{-6} \text{kg/(m}^2\text{h)}$$

Der Wasserdampfdurchgang beträgt also 0,02 g/(m^2·h) bzw. 0,5 g/(m^2·d).

Im Falle einer Wasserdampfdiffusion durch eine mehrschalige Bauteilkonstruktion kann bei ungünstigen Verhältnissen innerhalb der Konstruktion Kondenswasser bzw. Tauwasser entstehen. Tritt diese Kondensation nur kurzzeitig auf und kann die anfallende Tauwassermenge während der Verdunstungsperiode wieder abgeführt werden, sind keine Schäden zu erwarten. Wird die Wasserdampfkondensation jedoch zum Dauerzustand, wird die Wärmedämmung herabgesetzt, und Schäden können die Folge sein.

Der Nachweis einer Wasserdampfkondensation innerhalb eines Bauteils kann sowohl rechnerisch als auch graphisch erfolgen. In allen Fällen wird zunächst der Temperaturverlauf innerhalb der Konstruktion ermittelt, um den Verlauf des Sättigungsdampfdruckes festlegen zu können. Ist der Verlauf des Sättigungsdampfdruckes bekannt, wird dieser mit dem Dampfdruck verglichen, der sich aus dem Diffusionsmodell ergibt. Solange der tatsächliche Dampfdruck an jeder Stelle innerhalb der Konstruktion niedriger ist als der Sättigungsdampfdruck, tritt kein Kondenswasser bzw. Tauwasser auf. Übersteigt der Dampfdruck an einzelnen Stellen den Sättigungsdampfdruck, so kondensiert an diesen Stellen der hindurchtretende Wasserdampf.

Die ausfallende Kondenswassermenge ergibt sich aus der Differenz der bis zu dieser Stelle eindiffundierenden und der ab dieser Stelle ausdiffundierenden Wasserdampfmenge.

Wird das Beispiel des vorigen mehrschichtigen Außenbauteils auch der Berechnung des Diffusionsverhaltens zugrunde gelegt, so ergibt sich das rechnerische Diffusionsverhalten der Wand gemäß der Tafel 4.6 und dem nachfolgenden Rechengang.

Erläuterung des Rechengangs:
Aus den Schichtdicken d und den zugehörigen Wärmeleitfähigkeiten λ ergeben sich die Wärmedurchlasswiderstände der einzelnen Schichten i mit

$$R_i = \frac{d_i}{\lambda_i}.$$

Tafel 4.6: Rechnerische Ermittlung des Temperatur- und Dampfdruckverlaufs

Zustand	Schichtfolge	d [m]	λ $\left[\frac{W}{m \cdot K}\right]$	$\frac{d}{\lambda}$; R_s	$\Delta\theta_n$ [K]	θ
Frostperiode	Raumluft			*0,13*	*-1,8*	
	Stahlbeton C20/25	*0,15*	*2,30*	*0,07*	*-0,9*	
	Hartschaumplatte[1]	*0,08*	*0,035*	*1,94*	*-26,1*	
	gestalteter Beton C20/25, ρ = 2200	*0,08*	*1,65*	*0,05*	*-0,7*	
	Außenluft			*0,04*	*0,5*	
	Summe	*0,31*		*2,23*	*-30,0*	

[1] Wärmebrücke durch Stahlanker:

Bei der Berechnung des Wärmedurchgangswiderstandes der Wärmedämmschicht wurde zudem ein Abzug von 15 % aufgrund von Wärmebrücken durch Stahlanker in Ansatz gebracht. Unter Berücksichtigung der inneren und äußeren Wärmeübergangswiderstände ergibt sich durch Addition der Werte R_i der Gesamtwärmedurchgangswiderstand R_s zu 2,23 m²K/W.

Gemäß DIN 4108-3 [4.3] wird im Folgenden für die Tauperiode die Raumlufttemperatur mit 20 °C (50 % r. F.) und die Außentemperatur mit –10 °C (80 % r. F.) angenommen. Die Gesamttemperaturdifferenz von 30 °C fällt damit über die gesamte Wanddicke mit dem Gesamtwärmedurchgangswiderstand R_s ab. Die Temperaturdifferenzen $\Delta\theta_n$ ergeben sich aus dem Verhältnis der einzelnen Widerstände R_i zum Gesamtwiderstand R_s, multipliziert mit der Gesamttemperaturdifferenz. Als Zahlenbeispiel ergibt sich folglich für den inneren Übergangswiderstand ein Temperaturabfall von –1,8 °C gemäß

$$\Delta\theta_i = \frac{0,13}{2,23} \cdot (-30\ K) = -1,8\ K.$$

In der Spalte θ werden die Temperaturdifferenzen $\Delta\theta_i$ beginnend mit der Raumlufttemperatur in Ansatz gebracht und die wirklichen Temperaturen θ_i an den Schichtgrenzen ermittelt. Bei Ansatz eines linearen Temperaturverlaufes innerhalb einer Schicht ist folglich der Temperaturverlauf in der Wandkonstruktion ermittelt.

N $\left[\frac{m \cdot h \cdot Pa}{kg}\right]$	R_θ $\left[\frac{m^2 \cdot h \cdot Pa \cdot 10^{-6}}{kg}\right]$	Δp_v [Pa]	p_d [Pa]	p_s [Pa]	p_h (Tafel 2.6) [Pa]	Bemerkungen
			1170	*2340*		$\varphi_i = 50$ %
			1170	*2091*	*1170*	*zul* $\varphi_i = 89$ %
1,5	*29,3*	*-596*				
			574	*1976*		
1,5	*3,6*	*-73*				
			501	*288*	*288*	*Stelle x*
1,5	*14,4*	*-293*				
			208	*272*	*208*	
			208	*272*	*208*	
10^{-6}	10^{-6}		*208*	*260*		$\varphi_a = 80$ %
	47,3	*-962*				

In den Spalten μ, N und R_θ werden die Wasserdampfdiffusionswerte der einzelnen Schichten bereitgestellt. Die Diffusionswiderstandszahlen μ sind Baustoffkennwerte, die gewählt wurden. N ist die Dampfleitfähigkeit, die einheitlich für alle Temperaturen gleich **$1{,}5 \cdot 10^6$ m·h·Pa/kg** eingesetzt wurde. Der Dampfdiffusionswiderstand R_θ ist das Produkt aus d, μ und N.

Die Raumluft besitzt bei 20 °C und einer relativen Luftfeuchte von 50 % einen Wasserdampfdruck von 1170 Pa. Die Außenluft hat hingegen bei einer Temperatur von –10 °C und einer relativen Feuchte von 80 % einen Wasserdampfdruck von 208 Pa. Damit ist zwischen der Außenluft und der Raumluft eine Wasserdampfdruckdifferenz von Δp = (208 - 1170) = -962 Pa vorhanden. Diese Wasserdampfdruckdifferenz wird an den Schichten der Wandkonstruktion im Verhältnis der Wasserdampfdiffusionswiderstände R_θ abgebaut.
In der Spalte Δp_v ist der Abbau der Wasserdampfdruckdifferenz an den jeweiligen Schichten ausgewiesen (z.B. Δp_v für die Hartschaumplatte = (3,6/47,3) · -962 = -73 Pa).

Die Wasserdampfdruckdifferenzen der Schichten werden in der Spalte p_d genutzt, um den wirklichen Wasserdampfdruck an den Schichtgrenzen auszuweisen. Diesen Wasserdampfdrücken sind in der Spalte p_s die an den jeweiligen Stellen aufgrund der wirklichen Temperaturen herrschenden Wasserdampfsättigungsdrücke gegenüber gestellt.

Aus dem Vergleich ist ersichtlich, dass an der Stelle x der aus der Wasserdampfdiffusion abgeleitete Wasserdampfdruck von 501 Pa deutlich über dem Sättigungsdampfdruck in Höhe von 288 Pa liegt. An dieser Stelle x (Schichtgrenze Hartschaumplatte/gestalteter Sichtbeton) kommt es somit zur Kondensation, da ein höherer Teildruck als der Sättigungsdruck nicht möglich ist. Unter p_h ist der Wasserdampfdruckverlauf eingetragen, wie er sich tatsächlich einstellt (siehe auch Bild 4.3).

Bild 4.3: Dampfdruckverlauf im Bauteil aus Tafel 4.6

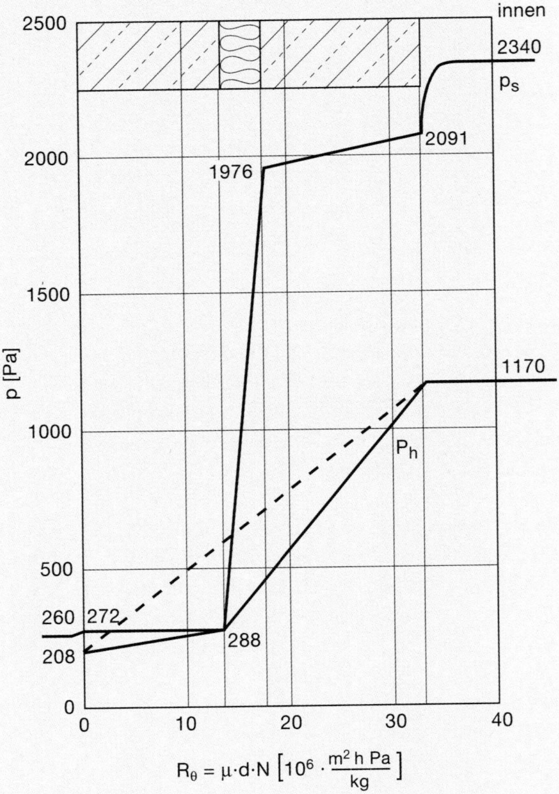

Die an der Stelle x kondensierende Wassermenge wird aus der Diffusionsstromdichte i und der Zeitdauer t ermittelt, die während der Kondensation (Winterperiode) auftritt. Zur Bestimmung der Diffusionsstromdichte i benötigt man die jeweils von innen und außen bis zur Stelle x herrschenden Wasserdampfdruckdifferenzen und Wasserdampfdiffusionswiderstände.

$R_{\theta i} = (29{,}3 + 3{,}6) \cdot 10^6 = 32{,}9 \cdot 10^6$ [m²·h·Pa/kg]

$R_{\theta a} = 14{,}4 \cdot 10^6$ [m²·h·Pa/kg]

$\Delta p_i = 1170 - 288 = 882$ [Pa]

$\Delta p_a = 288 - 208 = 80$ [Pa]

$$i = \frac{\Delta p_i}{R_{\theta i}} - \frac{\Delta p_a}{R_{\theta a}} = \left[\frac{882}{32{,}9} - \frac{80}{14{,}4}\right] \cdot \frac{10^3}{10^6} = 21{,}3 \cdot 10^{-3} \left[\frac{g}{m^2 \cdot h}\right]$$

Die kondensierende Gesamtwassermenge W in der Frostperiode mit einer Dauer t = 1440 h (60 Tage) ergibt sich dann nach [4.3] zu:

$$W = i \cdot t = 21{,}3 \cdot 10^{-3} \cdot 1440 = 30{,}7 \; [g/m^2]$$

Diese kondensierende Wassermenge liegt deutlich unter 500 g/m² und wird nach [4.3] toleriert, da sie unschädlich ist und auch wieder austrocknen kann. Die volumenbezogene Feuchte der Wärmedämmschicht erhöht sich dadurch um 0,04 Vol.-%. Dieser Wert liegt ebenfalls deutlich unter dem zulässigen Wert von 1,2 Vol.-%, bei dem sich die Wärmeleitfähigkeit um etwa 10 % erhöhen würde.

Der Nachweis über die in der Trockenperiode austrocknungsfähige Wassermenge wird in ähnlicher Art und Weise geführt. DIN 4108-3 [4.3] geht davon aus, dass sowohl an der Innen- als auch an der Außenseite Luft mit einer Temperatur von 12 °C und einer relativen Luftfeuchte von 70 % anliegt. In der Wandkonstruktion ist somit eine gleichbleibende Temperatur und mit Ausnahme der Stelle x ein gleichbleibender Wasserdampfdruck von 0,7 · 1403 = 982 Pa vorhanden. An der Stelle x herrscht hingegen ein Wasserdampfsättigungsdruck von 1403 Pa (s. Tafel 2.6), solange die kondensierte Wassermenge vorhanden ist. Die Wasserdampfdiffusionswiderstände bleiben die gleichen. Damit ergibt sich für die austrocknungsfähige Wassermenge W zu:

$$W = i \cdot t$$

mit:

$$i = \frac{\Delta p_i}{R_{\theta i}} - \frac{\Delta p_a}{R_{\theta a}}$$

$\Delta p_i = 982 - 1403 = -421$ [Pa]

$\Delta p_a = 1403 - 982 = +421$ [Pa]

$$i = \frac{\Delta p_i}{R_{\theta i}} - \frac{\Delta p_a}{R_{\theta a}} = \left[\frac{-421}{32{,}9} - \frac{421}{14{,}4}\right] \cdot \frac{10^3}{10^6} = -42{,}0 \cdot 10^{-3} \left[\frac{g}{m^2 \cdot h}\right]$$

Die austrocknungsfähige Gesamtwassermenge W in der Trockenperiode mit einer Dauer t = 2160 h (90 Tage) ergibt sich dann nach [4.3] zu:

$$W = i \cdot t = -42{,}0 \cdot 10^{-3} \cdot 2160 = -90{,}7\ [g/m^2]$$

Die maximal austrocknungsfähige Wassermenge (Vergleich negatives Vorzeichen) in Höhe von 90,7 g/m^2 ist größer als die kondensierende Wassermenge in Höhe von 30,7 g/m^2. Auch unter Berücksichtigung einer etwas verlängerten Frostperiode trocknet der Dämmstoff vollständig aus.

4.2.3 Feuchtebilanz in Betonbauteilen

Wasser wird Betonbauteilen zugeführt durch
- bei der Hydratation nicht gebundenes Anmachwasser,
- an der Betonoberfläche anstehendes drückendes und nicht drückendes Wasser (kapillare Leitung, Schlagregen),
- an der Betonoberfläche anfallendes Tauwasser oder
- bei der Wasserdampfdiffusion im Inneren der Bauteile ausfallendes Tauwasser.

Aus den Betonbauteilen wird Wasser allein durch Trocknung (im Wesentlichen durch Diffusionsvorgänge) über die Betonoberfläche entzogen. Die jeweilige Feuchte eines Betonbauteils ergibt sich aus der Feuchtebilanz. Sie ist die Differenz aus zugeführten und abgeführten Feuchtemengen. Welche Feuchteanteile in der Feuchtebilanz zu berücksichtigen sind, hängt vor allem von der Dicke des Betonbauteils, der Betondruckfestigkeit sowie der Zementleimmenge ab.

Für Betone mit Druckfestigkeiten ≥ 35 N/mm² und Zementleimmengen ≤ 300 l/m³ unterscheidet sich die Feuchtebilanz für Betonbauteile mit Dicken kleiner als ca. 15 cm von der an Betonbauteilen größerer Dicken (vgl. Bild 4.2). Bei geringerer Dicke überlappen sich bei beidseitiger Austrocknung die Austrocknungszonen bzw. die Bereiche der Austrocknung und der Kapillarbereich. Eine Wasserdampfdiffusion und/oder eine kapillare Leitung können stattfinden. Bei größeren Dicken tritt diese Überlappung nicht auf und ein Wassertransport findet praktisch über die gesamte Bauteildicke hinweg nicht statt. Auf der Innenseite des Betonbauteils, der allgemeinen Nutzungsseite, finden allein zeitlich begrenzte Austrocknungsvorgänge statt. Auf der Außenseite des Betonbauteils können ein kapillarer Wassertransport bei anstehender Feuchte oder ebenfalls eine Austrocknung stattfinden. Die Vorgänge an beiden Seiten des Betonbauteils beeinflussen sich gegenseitig nicht, solange keine Überlappung eintritt.

4.2.3.1 Feuchtebilanz bei Betonbauteilen geringerer Dicke

Das in einem Betonbauteil gleichmäßig über den Querschnitt nach der Hydratation verbleibende, chemisch nicht gebundene Anmachwasser stellt einen oberen Grenzwert der austrocknungsfähigen Wassermenge dar. Die in einem Kubikmeter Beton enthaltene potentiell austrocknungsfähige Wassermenge m_{Hy} beträgt

$$m_{Hy} = z \cdot (\omega - 0{,}25 \cdot \alpha) \qquad \text{(Gl. 4.7)}$$

z = Zementmenge in kg/m³
ω = Wasser-Zement-Verhältnis w/z
α = Hydratationsgrad.

Durch Umrechnung erhält man den auf einen Quadratmeter Bauteilfläche und 1 cm Schichtdicke bezogenen Wert zu

$$m'_{Hy} = \frac{1}{100} \cdot z \cdot (\omega - 0{,}25 \cdot \alpha) \qquad \text{(Gl. 4.8)}$$

Die durch anstehendes Wasser oder Schlagregen eindringende Feuchte lässt sich hinsichtlich der Eindringtiefe h_K nach

$$h_K = \sqrt{\frac{2 \cdot k \cdot \Delta p \cdot t}{0{,}01 \cdot q}} \qquad \text{(Gl. 4.9)}$$

mit q = Porosität in Vol.-%,
k = Filtergeschwindigkeit = 10^{-12} bis 10^{-13} in m/s
Δp = anstehender Wasserdruck in m Wassersäule
t = Zeit in s
ρ_w = Dichte des Wassers in kg/m³

abschätzen [4.4]. Die eindringende Feuchtemenge m_F pro m² Oberfläche beträgt

$$m_F = \frac{1}{100} \cdot q \cdot \rho_w \cdot h_K. \qquad \text{(Gl. 4.10)}$$

Die Menge der durch Wasserdampfdiffusion eindiffundierenden Feuchte m_D beträgt

$$m_D = \frac{p_e - p_i}{1{,}5 \cdot 10^6 \cdot \mu \cdot d} \qquad \text{(Gl. 4.11)}$$

mit p_e = Wasserdampfdruck außen in Pa
p_i = Wasserdampfdruck innen in Pa
μ = Wasserdampfdiffusionswiderstandszahl
d = Bauteildicke in m.

Die Menge des sich an der Bauteiloberfläche ausscheidenden Tauwassers m_T ergibt sich zu

$$m_T = n \cdot (c_{s,100} - c_{s,\varphi}) \cdot v_a \qquad \text{(Gl. 4.12)}$$

mit n = Luftwechsel je h,
$c_{s,100}$ = Sättigungswasserdampfgehalt in kg/m³

$c_{s,\varphi}$ = Wasserdampfgehalt der Luft an der Bauteilinnenseite in kg/m³
v_a = an die Bauteiloberfläche angrenzendes Raumvolumen in m³/m²

Die Menge des austrocknenden Wassers an der Bauteilinnenseite hängt im Wesentlichen vom Wasserdampfdruck an der Bauteiloberfläche (bestimmt die Höhe der Ausgleichsfeuchte) und der Austrocknungstiefe s_A ab. Die Austrocknungstiefe beträgt [4.4]

$$s_A = \sqrt{\frac{2 \cdot (p_e - p_i) \cdot t}{5{,}4 \cdot 10^{12} \cdot \mu \cdot 0{,}01 \cdot q}} \quad \text{(Gl. 4.13)}$$

Die Menge des im Gleichgewichtszustand austrocknenden Wassers m_{tr} ergibt sich aus

$$m_{tr} = \left(\frac{m_{Hy}}{2}\right) \cdot s_A \quad \text{(Gl. 4.14)}$$

Beispiel (sehr ungünstige Randbedingungen):
Kellerwand, 15 cm Ortbeton C25/30 wu, mit punktweise verklebter Perimeterdämmung;
Ortbeton mit 320 kg / m³ CEM I 32,5R, w/z = 0,60
außen drückendes und nicht drückendes Wasser, 8 °C; innen Lufttemperatur 20 °C, relative Luftfeuchte 30 %, Betrachtung nach vier Jahren

Festlegung der Austrocknungstiefe:
p_e = 2340 Pa, p_i = 0,3 · 2340 = 702 Pa, t = 4a = 1,26 · 10⁸ s, μ = 70, q = 0,10

$$s_A = \sqrt{\frac{2 \cdot (p_e - p_i) \cdot t}{5{,}4 \cdot 10^{12} \cdot \mu \cdot q}} = \sqrt{\frac{2 \cdot 1638 \cdot 1{,}26 \cdot 10^{8}}{5{,}4 \cdot 10^{12} \cdot 70 \cdot 0{,}1}} = 10{,}4\,\text{cm}$$

Die Austrocknungsfront erreicht nach vier Jahren etwa eine Tiefe von 10,4 cm. Nach vollständiger Hydratation (geschätzt α = 0,9) verbleiben in der Wand

$$m_{hy} = \frac{1}{100} \cdot z \cdot (w/z - 0{,}25 \cdot \alpha) = \frac{1}{100} \cdot 320 \cdot (0{,}60 - 0{,}25 \cdot 0{,}9) = 1{,}20\ kg/(\text{m}^2 \cdot \text{cm})$$

austrocknungsfähiges Wasser. Trocknet an der Bauteiloberfläche das gesamte freie Anmachwasser aus, so fallen in den ersten vier Jahren ca. 6,24 kg Wasser pro m² Oberfläche an.

$$m_{tr} = \left(\frac{m_{ges}}{2}\right) \cdot s_A = \frac{1{,}20}{2} \cdot 10{,}4 = 6{,}24\ \text{kg/m}^2$$

Auf der anderen Seite der Wand dringt unter der Voraussetzung, dass im Mittel ein Wasserdruck von 1 m Wassersäule anliegt und ein freier Porenraum q = 0,05 zur Verfügung steht, etwa 1,94 kg Wasser je m² Wandfläche in die Wand ein.

$$m_F = \frac{1}{100} \cdot q \cdot \rho_w \cdot \sqrt{\frac{2 \cdot k \cdot \Delta p \cdot t}{0{,}01 \cdot q}} = 5 \cdot 10 \cdot \sqrt{\frac{2 \cdot 3 \cdot 10^{-13} \cdot 1 \cdot 1{,}26 \cdot 10^{8}}{0{,}05}} = 1{,}94\ kg/m^2$$

Kapillarbereich und austrocknender Bereich überlappen sich, eine Wasserdampfdiffusion findet statt.

$$m_D = \frac{p_e - p_i}{1{,}5 \cdot 10^6 \cdot \mu \cdot d} = \frac{2340 - 702}{1{,}5 \cdot 10^6 \cdot 150 \cdot 0{,}15} = 0{,}048 g/(m^2 \cdot h) = 1{,}16 g/(m^2 \cdot d)$$

Durch Wasserdampfdiffusion wird die Wassermenge m_D transportiert. Da sich Kapillarbereich und austrocknender Bereich erst nach ca. zwei bis drei Jahren überlappen, tritt die Wasserdampfdiffusion erst im letzten Jahr in Erscheinung. Durch Wasserdampfdiffusion werden ca. 0,42 kg Wasserdampf je m^2 und Jahr bewegt.

Eine Tauwasserbildung tritt nicht auf.

Feuchtebilanz :

austrocknende Baufeuchte:	6,24 kg/m^2
eindringende Feuchte:	1,94 kg/m^2
Wasserdampfdiffusion:	0,42 kg/m^2
Tauwasser:	–

Die vergleichsweise dünne Ortbetonwand im Keller nimmt in vier Jahren bei dauerhaft anstehendem Wasserdruck unter der punktweise angeklebten Perimeterdämmung nur 1,94 kg/m^2 Wasser auf, wenn der offene Kapillarporenraum 5 Vol.-% beträgt.

Auf der Wandinnenseite fällt in den ersten 3 Jahren im Wesentlichen austrocknende Baufeuchte mit etwa 6,24 kg/m^2 an. Erst nach etwa drei Jahren entsteht ein zusätzlicher Feuchteanfall durch Wasserdampfdiffusion von ca. 0,42 $kg/(m^2 \cdot a)$. Der gesamte Wasserdampfdurchgang auf der Wandinnenseite von 6,66 kg/m^2 könnte durch minimal 550 m^3 Raumluft in vier Jahren weggeführt werden.

$$V_L = \frac{m_{WD}}{c_s \cdot \left(\frac{100 - \varphi}{100}\right)} = \frac{6{,}66}{0{,}0173 \cdot \left(\frac{100 - 30}{100}\right)} = 550\ m^3$$

4.2.3.2 Feuchtebilanz bei Betonbauteilen größerer Dicke

Bei Betonbauteilen größerer Dicke, z.B. wasserundurchlässige Wände mit Dicken über 25 cm, können sich praktisch Kapillarbereich und austrocknender Bereich nicht überdecken (theoretisch bei gleich bleibenden Ausgangsbedingungen erst nach mehreren Jahrzehnten).

In diesem Fall können nur austrocknende Baufeuchte, durch Wasserdruck eindringende Kapillarfeuchte, die sich innen nicht auswirkt, und

Tauwasser auftreten. Kann kein Tauwasser ausfallen, tritt nur Baufeuchte auf der Innenwandseite auf.

Beispiel:
Kellerwand, 35 cm Ortbeton C25/30 wu, mit punktweise verklebter Perimeterdämmung;
Ortbeton mit 320 kg/m³ CEM I 32,5R, w/z = 0,60
außen drückendes und nicht drückendes Wasser, 8 °C; innen Lufttemperatur 20 °C, relative Luftfeuchte 50 %, Betrachtung nach einem Jahr

Festlegung der Austrocknungstiefe :
p_e = 2340 Pa; p_i = 1170 Pa; t = 1a = 31,28 · 10^6 s; μ = 150; q = 0,10

$$s_A = \sqrt{\frac{2 \cdot (p_e - p_i) \cdot t}{5{,}4 \cdot 10^{12} \cdot \mu \cdot q}} = \sqrt{\frac{2 \cdot 1170 \cdot 31{,}28 \cdot 10^6}{5{,}4 \cdot 10^{12} \cdot 150 \cdot 0{,}1}} = 3{,}0\,\text{cm}$$

Die Austrocknungsfront erreicht nach einem Jahr etwa eine Tiefe von 3 cm.
Trocknet an der Bauteiloberfläche das gesamte freie Wasser aus, so fallen im ersten Jahr ca. 1,8 kg Wasser pro m² Oberfläche an.

$$m_{tr} = \left(\frac{m_{ges}}{2}\right) \cdot s_A = \frac{1{,}20}{2} \cdot 3{,}0 = 1{,}8\,\text{kg/m}^2$$

Diese Feuchte kann bei Belüftung des Raumes problemlos abgeführt werden.

4.3 Praktischer Feuchteschutz

4.3.1 Abdichtung

Wird ein Keller als Konstruktion mit wasserundurchlässigem Beton (weiße Wanne) ausgeführt, sind keine weiteren Maßnahmen zur Bauwerksabdichtung erforderlich. Hinweise zur Herstellung dauerhaft dichter Keller als weiße Wanne werden in [4.8] und [4.9] gegeben.

Wird ein Keller hingegen nicht als weiße Wanne (z.B. Mauerwerk) ausgeführt, so sind Abdichtungen in Abhängigkeit von der Beanspruchung des Bauwerkes gemäß DIN 18195 [4.10] zu bemessen und auszuführen. Es sind sowohl waagerechte als auch lotrechte Abdichtungen anzuordnen.

Waagerechte Abdichtungen in Wänden aus Mauerwerk sollen den kapillaren Aufstieg des Wassers in der Konstruktion verhindern. Bei Kellerwänden ist wenigstens eine waagerechte Abdichtung vorzusehen. Die waagerechte Abdichtung der Fußböden erfolgt auf dem Unterbeton und muss an die waagerechte Abdichtung der Mauerwerkswand heranreichen. Alle vom Erdreich berührten Wandflächen müssen durch eine lotrechte

Abdichtung gegen das Eindringen von Feuchte geschützt werden. Die lotrechte Abdichtung muss unten bis zum Fundamentansatz und oben bis an die waagerechte Abdichtung 30 cm über das Gelände heranreichen.

4.3.2 Dränung

Unabhängig von der Abdichtung und der anstehenden Feuchte im Erdreich empfiehlt es sich, insbesondere wenn Kellerräume als Aufenthaltsräume genutzt werden sollen, eine Dränung als Ringleitung vorzusehen und an den Wänden eine Filter- und Sickerschicht anzubringen, wenn diese wasserrechtlich zulässig ist.

Eine funktionsgerechte Dränanlage besteht aus drei miteinander in Verbindung stehenden Bauelementen, der Sickerschicht, der Dränleitung und dem Vorfluter bzw. dem Sickerschacht (siehe auch Bild 4.4). Zur Anlage einer Dränung wird in Höhe der Fundamentsohle eine Dränleitung auf einem Kiesplanum mit einem Gefälle von 0,5 % verlegt. Am Höchstpunkt soll die Oberkante des Dränrohres der Unterkante der Kellerbodenplatte entsprechen. Am Tiefstpunkt der Dränleitung wird zweckmäßigerweise ein Sammelschacht angeordnet. An allen Knick-

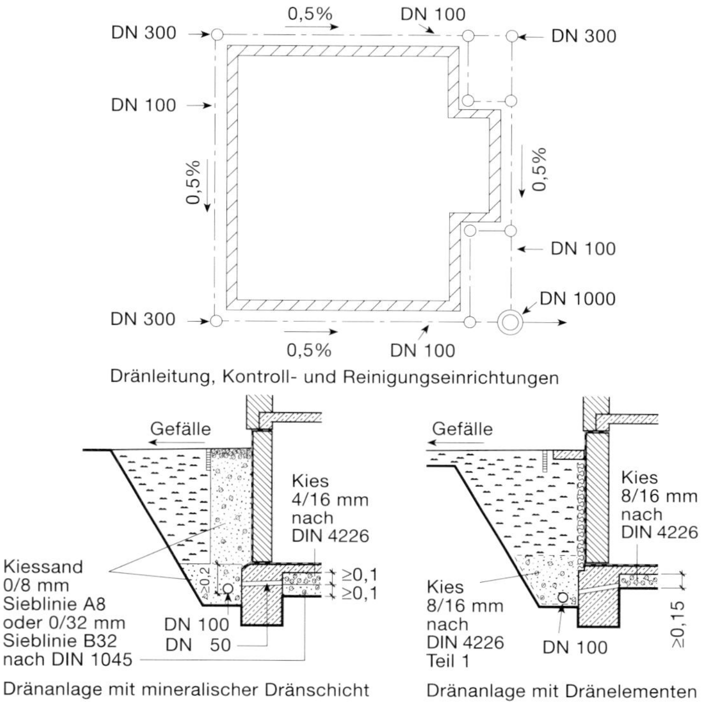

Bild 4.4: Beispiel einer Anordnung von Dränleitungen, Kontroll- und Reinigungseinrichtungen bei einer Ringdränung (Mindestabmessungen) [4.14]

punkten mit 90° Richtungsänderung sollen Kontrollschächte, mindestens aber Spülleitungen angeordnet werden. Die Dränleitung wird allseitig mit einer 20 cm dicken Kiesschicht ummantelt. Als Dränleitung haben sich Betonfilterrohre aus haufwerksporigem Beton oder gelochte Betonrohre bewährt.

Vor den Kelleraußenwänden muss eine senkrechte Sickerschicht aus Kies angeordnet werden, die durch eine Filterschicht vor dem Zuschlämmen geschützt wird. Als Sicker- und Filterschicht haben sich auch Filterkörper aus haufwerksporigem Beton bewährt. Diese Hohlkörper werden lose im Verband vor der Außenwand aufgestellt.

4.3.3 Schutz vor Schlagregen

Durch Schlagregen soll so wenig Wasser wie möglich in die Außenwand eindringen und gleichzeitig soll eingedrungenes Wasser in den Trockenperioden wieder an die Außenluft abgegeben werden. Auch wenn die Austrocknung langfristig gesichert ist, soll der Wasseraufnahmekoeffizient bei Regen je nach vorliegender Schlagregenbeanspruchungsklasse begrenzt werden. Für wasserabweisende Putzsysteme gilt z.B. ein maximaler Wasseraufnahmekoeffizient w von

$$\max w = 0{,}5\ \text{kg}/(\text{m}^2 \cdot \text{h}^{1/2}). \qquad \text{(Gl. 4.15)}$$

Damit auf der anderen Seite eingedrungenes Wasser schnell wieder an die Außenluft abgegeben werden kann, sollte die Oberflächenschicht einen niedrigen Teildiffusionswiderstand s_d besitzen. Der Wert s_d der Oberflächenschichten von geputzten Wänden sollte aus diesem Grunde

$$s_d = \mu \cdot d \leq 2{,}0\ \text{m} \qquad \text{(Gl. 4.16)}$$

sein.

4.3.4 Schutz vor Tauwasserbildung auf Oberflächen von Bauteilen

Schädliche Tauwasserbildung auf raumseitigen Oberflächen ist zu vermeiden. Gefährdete Bauteile oder Räume im Hinblick auf die Tauwasserbildung auf Bauteiloberflächen sind

- Außenbauteile mit ungenügend bemessener Wärmedämmung in dauernd beheizten Räumen,
- Außenbauteile mit ausreichender Wärmedämmung beim Aufheizen von Räumen und
- Räume mit sehr hoher Luftfeuchte, wie z.B. Küchen, Bäder u.a.

Bei Einhaltung der Anforderungen an den Mindestwärmeschutz von Außenwänden, insbesondere auch bei Berücksichtigung von Raumecken und Wärmebrücken, kann Tauwasserbildung auf Wandoberflächen sicher vermieden werden.

Die mögliche zeitweise Tauwasserbildung während eines Aufheizvorgangs kann im Allgemeinen toleriert werden. Wird ein langsamerer Aufheizvorgang gewählt, kann bei ausreichendem Mindestwärmeschutz auch diese im Allgemeinen unschädliche Tauwasserbildung vermieden werden.

Bei Räumen mit sehr hoher Luftfeuchte kann ständige oder zeitweise Tau-wasserbildung nur durch ausreichende Lüftung vermieden werden. Für derartige Räume ist die Tauwasserfreiheit rechnerisch nachzuweisen.

4.3.5 Schutz vor Tauwasser im Inneren von Bauteilen

Durch Tauwasserbildung in Bauteilen dürfen Wärmeschutz und Standsicherheit der Bauteile nicht gefährdet werden. Tauwasserbildung im Inneren von Bauteilen kann insbesondere unter winterlichen Bedingungen bei mehrschichtigen Bauteilen auftreten. Der Schutz vor Tauwasser im Inneren von Bauteilen wird gemäß DIN 4108-3 [4.3] geregelt.

Anfallendes Tauwasser im Bauteilinneren ist unschädlich, wenn

- das während der Tauperiode im Inneren rechnerisch anfallende Wasser während der Verdunstungsperiode wieder an die Umgebung abgegeben werden kann,
- die Baustoffe, die mit dem Tauwasser in Verbindung kommen, nicht geschädigt werden, z.B. durch Korrosion oder Pilzbefall,
- die rechnerische Tauwassermenge an der Grenzfläche zweier Schichten 1000 g/m^2 nicht überschreitet (handelt es sich um eine Grenzfläche von kapillar nicht wasseraufnahmefähigen Schichten, darf die Tauwassermenge höchstens 500 g/m^2 betragen) und
- der Mindestwärmeschutz nach DIN 4108-2 [4.11] eingehalten wurde. Die Einhaltung des Mindestwärmeschutzes ist im Allgemeinen gegeben, wenn sich die Wärmeleitfähigkeit der Baustoffe um nicht mehr als 10 % erhöht oder sich der massebezogene Feuchtegehalt bei Holzbaustoffen um nicht mehr als 3 % erhöht.

Ist der Tauwasseranfall größer oder werden die Baustoffe durch den Tauwasseranfall geschädigt, muss der gewählte Schichtenaufbau verändert oder eine zusätzliche Dampfsperre angeordnet werden. Praktisch dampfdicht ist eine Schicht, wenn sie einen Teildiffusionswiderstand von 1500 m besitzt. Für Wände und Dächer genügen jedoch niedrigere Werte. Für Wände sollte wenigstens ein Teildiffusionswiderstand von 50 m und für einschalige Dächer von wenigstens 100 m eingehalten werden. In jedem Fall ist die Veränderung des Tauwasseranfalls im Inneren der Bauteile rechnerisch nachzuweisen.

4.3.6 Feuchteschutz über Lüftung

In Räumen anfallende Feuchte (Baufeuchte, Tauwasser, nutzungsbedingte Feuchte) wird praktisch ausschließlich über Luftwechsel der Raumluft abgeführt. Die im Allgemeinen angestrebten Luftwechselzahlen von 0,5 bis 1 pro Stunde reichen aus, um übliche Feuchten eines Bauwerks nach außen abzuführen.

5 Anhang

5.1

Glossar

Anlagen-Aufwandszahl e_P [-]
Sie beschreibt das Verhältnis der von der Anlagentechnik aufgenommenen Primärenergie zu der von ihr abgegebenen Nutzwärme.

beheizte Räume
Beheizte Räume im Sinne der EnEV werden auf Grund bestimmungsgemäßer Nutzung direkt oder durch Raumverbund beheizt.

belüftetes Volumen V [m^3]
Luftvolumen (Nettovolumen) einer beheizten Zone, das dem Luftaustausch unterliegt.

Bezugsvolumen V_e [m^3]
Das anhand der Außenmaße eines Gebäudes ermittelte und von der wärmeübertragenden Gebäudehülle (Systemgrenze) umschlossene Volumen; auch Bruttovolumen genannt.

dezentrale Heizungsanlage
Heizungssystem, bei dem die Wärme in einem Gerät erzeugt und im gleichen Raum übergeben wird. Als Wärmeträgermedium dient Wasser oder Luft.

dezentrale Trinkwassererwärmungsanlage
System, bei dem die Wärme zur Trinkwassererwärmung in einem Gerät erzeugt und im gleichen Raum übergeben wird. Als dezentrale Trinkwassererwärmungsanlage gilt auch die Versorgung von zwei Räumen durch ein Gerät über eine gemeinsame Installationswand.

Endenergiebedarf Q_E [kWh] oder [kWh/a]
Energiemenge, die zur Deckung des Jahresheizenergiebedarfs Q_H und des Trinkwasserwärmebedarfs Q_W (Bedarf und Aufwand der Anlagentechnik) benötigt wird, ermittelt an der Systemgrenze des betrachteten Gebäudes. Die zusätzliche Energiemenge, die durch vorgelagerte Prozessketten bei der Erzeugung des jeweils eingesetzten Brennstoffs entsteht, wird nicht in Betracht gezogen. Der Endenergiebedarf dient als vage Vergleichsgröße zur tatsächlich gelieferten Energie des Energieversorgers (zu bezahlende Energie) und ist im Energiebedarfsausweis aufzuführen.

Erzeugung
Der Prozessbereich in der Anlagentechnik, in dem die Energiemenge bereitgestellt wird, die vom Gesamtsystem benötigt wird.

Gebäude mit niedrigen Innentemperaturen
Gebäude mit niedrigen Innentemperaturen sind im Sinne der EnEV solche, die zweckentsprechend mehr als vier Monate auf eine Innentemperatur von über 12 °C, aber weniger als 19 °C beheizt werden.

Gebäude mit normalen Innentemperaturen
Gebäude mit normalen Innentemperaturen sind im Sinne der EnEV solche, die zweckentsprechend mehr als vier Monate auf eine Innentemperatur von mindestens 19 °C beheizt werden.

Heizenergiebedarf Q_e [kWh]
Berechnete Energiemenge, die dem Heizungssystem des Gebäudes zugeführt werden muss, um den Heizwärmebedarf abdecken zu können.

Heizgrenztemperatur θ (Basistemperatur) [°C]
Außenlufttemperatur, ab der ein Gebäude bei einer vorgegebenen Raumlufttemperatur nicht mehr beheizt werden muss.

Heizperiode [d]
Zeit der Beheizung eines Gebäudes, während der die mittleren Außenlufttemperaturen kleiner als die Heizgrenztemperatur sind. Die Heizperiode hängt von meteorologischen Größen und von den wärmetechnischen Gebäudeeigenschaften ab.

Heizwärmebedarf Q_h [kWh] oder [kWh/a]
Rechnerisch ermittelte Wärmeeinträge über ein Heizsystem, die zur Aufrechterhaltung einer bestimmten mittleren Raumtemperatur in einem Gebäude oder in einer Zone eines Gebäudes benötigt werden. Dieser Wert wird auch als Netto-Heizenergiebedarf bezeichnet.

Hüllfläche A [m^2]
Die Hüllfläche ist die äußere wärmetauschende Oberfläche A des Gebäudes. Sie bildet die Systemgrenze.

Nutzfläche A_N [m^2]
Vom Bezugsvolumen abgeleitete Grundfläche eines Gebäudes. Sie dient im öffentlich-rechtlichen Nachweis als Bezugsfläche. Für Wohngebäude gilt im Rahmen der EnEV: $A_N = 0{,}32 \cdot V_e$ [m^2]

Primärenergiebedarf Q_P [kWh] oder [kWh/a]
Energiemenge, die zur Deckung des Jahres-Heizenergiebedarfs und des Warmwasserbedarfs (Trinkwasserwärmebedarf) benötigt wird, unter Berücksichtigung der zusätzlichen Energiemengen, die durch vorgelagerte Prozessketten außerhalb der Systemgrenze „Gebäude“ bei der Gewinnung, Umwandlung und Verteilung der jeweils eingesetzten Energieträger entstehen.

Speicherung
Der Prozessbereich der Anlagentechnik, in dem in einem Medium enthaltene Wärme gespeichert wird. Bei Heizkreisen ist dies der Pufferspeicher (z.B. bei Wärmepumpenanlagen), bei der Trinkwassererwärmung der Warmwasserspeicher.

Systemgrenze
Die Systemgrenze ist die gesamte Außenoberfläche des Gebäudes bzw. der beheizten Zone eines Gebäudes, über die der Heizwärmebedarf mit einer bestimmten Innentemperatur ermittelt wird. Darin sind inbegriffen alle Räume, die direkt oder indirekt durch Raumverbund (wie z.B. Hausflure und Dielen) beheizt werden. Räume, die bestimmungsgemäß nicht zur Beheizung vorgesehen sind, liegen außerhalb der Systemgrenze.

Trinkwasserwärmebedarf Q_w [kWh/a] oder q_w [kWh/(m²·a)]
Nutzwärmebedarf für die Warmwasserbereitung in Wohngebäuden; für den Nachweis nach EnEV: q_w = 12,5 kWh/(m²·a).

Verteilung
Der Prozessbereich der Anlagentechnik, in dem die benötigte Energiemenge von der Erzeugung zum Wärmeübergabesystem transportiert wird.

Wärme bzw. Wärmemenge (Wärmestrom) Q [kWh]
Wärme ist die Energie, die aufgrund einer Temperaturdifferenz durch Transportmechanismen zwischen zwei Körpern vom wärmeren auf den kälteren Körper übergeht. Für Gebäude ist die Wärmemenge, die aufgrund der Differenz zwischen Innen- und Außentemperatur durch Wärmeleitung (Gebäudehülle) und Konvektion (Lüftung) transportiert wird, von besonderer Bedeutung.

Wärmedurchgangskoeffizient U [W/(m²·K)]
Der Wärmedurchgangskoeffizient ist der Kehrwert des Wärmedurchgangswiderstandes.

Wärmedurchgangswiderstand R_T [m²·K/W]
Der Wärmedurchgangswiderstand entspricht formal dem Wärmedurchlasswiderstand, er berücksichtigt jedoch zusätzlich den Wärmeübergang an den Bauteiloberflächen.

Wärmedurchlasswiderstand R [m²·K/W]
Der Wärmedurchlasswiderstand ist ein Maß dafür, welchen Widerstand ein Material einem konstanten Wärmestrom entgegensetzt. Je größer der Wärmedurchlasswiderstand ist, desto geringer ist der Wärmestrom, wenn die Temperaturdifferenz zwischen beiden Seiten der Bauteilschicht konstant bleibt. Der Wärmedurchlasswiderstand ist abhängig von der Schichtdicke und der Wärmeleitfähigkeit des verwendeten Materials. Er kann durch eine Erhöhung der Schichtdicke und durch eine Verringerung der Wärmeleitfähigkeit vergrößert werden.

Wärmeleitfähigkeit λ [W/(m²·K)]
Die Wärmeleitfähigkeit λ ist ein Stoffwert, der angibt, welcher Wärmestrom Q durch eine Schicht mit 1,0 m Dicke bei einer Temperatur-differenz von 1 K fließt. Für bautechnische Nachweise ist der sogenannte Bemessungswert der Wärmeleitfähigkeit anzusetzen, der durch nationale oder europäische Normen geregelt ist. Bemessungswerte der Wärmeleitfähigkeit von Baustoffen sind in Tafel 5.2 angegeben.

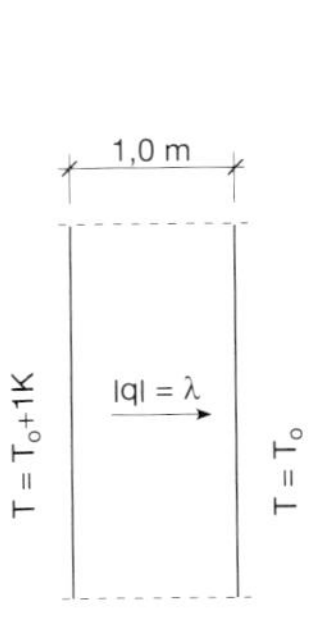

Wärmeübergangswiderstand R_{si}, R_{se} [m²·K/W]
Der Wärmeübergangswiderstand ist eine reine Rechengröße. Sie ermöglicht, den Wärmeaustausch zwischen Luft und Bauteiloberfläche, der

sich aus Wärmeleitung, Wärmestrahlung und Konvektion zusammensetzt, und die Wärmeleitung in Festkörpern mit einem einheitlichen Instrumentarium zu beschreiben.

wärmeübertragende Umfassungsfläche (Hüllfläche) A
Bei der Ermittlung der wärmeübertragenden Umfassungsflächen eines Gebäudes werden die äußeren Begrenzungen einer abgeschlossenen beheizten Zone betrachtet. Sie bildet die Systemgrenze.

wirksame Wärmespeicherfähigkeit C_{wirk} *[W/(kg·K)]*
Teilbetrag der Wärmespeicherfähigkeit eines Gebäudes, der einen Einfluss auf den Heizwärmebedarf und auf die sommerliche Raumkonditionierung hat. Sie wird für den Sommer- und Winterfall unterschiedlich ermittelt.

wohnungszentrale Trinkwassererwärmungsanlage
Trinkwassererwärmungssystem, bei dem die Wärme für das Trinkwasser in einem Gerät innerhalb der Wohnung erzeugt wird und über Verteilleitungen an mehrere Räume innerhalb einer Wohnung transportiert wird. Als Wärmeträgermedium dient Wasser. Die Verteilleitungen sind in der Regel kürzer als bei außerhalb der Wohnung liegenden zentralen Anlagen zur Trinkwassererwärmung und sind ohne Zirkulation ausgeführt.

Wohngebäude
Wohngebäude im Sinne der EnEV sind Gebäude mit normalen Innentemperaturen, die ganz oder deutlich überwiegend zum Wohnen genutzt werden.

zentrale Heizungsanlage, zentrale Trinkwassererwärmungsanlage
Heizungssystem, bei dem die Wärme in einem Gerät erzeugt wird und über Verteilleitungen an mehrere Räume eines Gebäudes transportiert wird. Als Wärmeträgermedium dienen Wasser oder Luft. Dieser Begriff gilt analog für die zentrale Trinkwassererwärmung (jedoch nur mit Wasser als Wärmeträgermedium).

Zone
Bereich eines Gebäudes, der eine durchschnittliche um mindestens 4 K unterschiedliche Innentemperatur gegenüber den übrigen Gebäudebereichen aufweist.

Tabellen

Tafel 5.1: Referenzwerte der Strahlungsintensitäten und der Außentemperaturen für das Referenzklima Deutschland [3.4A]

Referenzklima Deutschland		Strahlungsangebot – Monatliche Mittelwerte W/m²					
Orientierung	Monat / Neigung	Jan.	Febr.	März	April	Mai	Juni
Horizontal	0	33	52	82	190	211	256
Süd	30	51	67	99	210	213	250
	45	57	71	101	205	200	231
	60	60	71	98	190	179	203
	90	56	61	80	137	119	130
Süd-Ost	30	45	62	93	203	211	248
	45	49	64	92	198	200	232
	60	49	62	88	185	182	208
	90	44	52	70	140	132	146
Süd-West	30	45	62	93	203	211	248
	45	49	64	92	198	200	232
	60	49	62	88	185	182	208
	90	44	52	70	140	132	146
Ost	30	33	51	78	181	199	238
	45	32	49	74	172	187	221
	60	30	46	68	160	171	201
	90	25	37	53	125	131	150
West	30	33	51	78	181	199	238
	45	32	49	74	172	187	221
	60	30	46	68	160	171	201
	90	25	37	53	125	131	150
Nord-West	30	22	39	63	151	180	222
	45	20	35	56	132	158	194
	60	18	32	49	116	139	168
	90	14	25	38	89	105	124
Nord-Ost	30	22	39	63	151	180	222
	45	20	35	56	132	158	194
	60	18	32	49	116	139	168
	90	14	25	38	89	105	124
Nord	30	20	34	54	137	173	217
	45	19	32	47	101	143	184
	60	17	29	44	79	109	143
	90	14	23	34	64	81	99
Temperatur	°C	-1,3	0,6	4,1	9,5	12,9	15,7

[1] Okt. bis März besagt, dass die hier zugrunde gelegte Heizperiode (nach [3.2]), bis auf wenige Tage abweichend, fast genau dem Monatszeitraum Oktober bis März entspricht. Die Heizzeit t_{HP} beträgt 185 Tage und gilt nur für das Referenzklima Deutschland mit einer Gradtagzahl von 2.900 Kd.

Sept.	Okt.	Nov.	Dez.	**Jahreswert kWh/m²** **Jan. bis Dez.**	Wert für die Heizperiode kWh/m² Okt. bis März[1)]
135	75	39	22	**1120**	225
157	93	55	31	**1216**	295
157	97	59	34	**1187**	310
150	95	60	35	**1104**	310
115	81	54	33	**810**	270
149	87	49	28	**1177**	270
148	88	51	30	**1142**	275
140	85	51	30	**1063**	270
109	69	44	26	**809**	225
149	87	49	28	**1177**	270
148	88	51	30	**1142**	275
140	85	51	30	**1063**	270
109	69	44	26	**809**	225
129	72	38	21	**1062**	220
123	69	37	20	**1002**	210
114	65	35	19	**923**	196
90	51	28	15	**713**	155
129	72	38	21	**1062**	220
123	69	37	20	**1002**	210
114	65	35	19	**923**	195
90	51	28	15	**713**	155
105	57	28	16	**918**	170
91	51	26	14	**808**	150
81	46	23	13	**711**	135
62	35	18	10	**541**	105
105	57	28	16	**918**	170
91	51	26	14	**808**	150
81	46	23	13	**711**	135
62	35	18	10	**541**	105
90	49	26	15	**857**	150
66	45	24	14	**710**	135
59	41	22	13	**575**	125
48	33	18	10	**433**	100
14,4	9,1	4,7	1,3	**8,9**	3,3

Tafel 5.2: Wärmeschutztechnische Bemessungswerte (Auswahl)

Hinweis: Weitere Werte, auch über Werte bauaufsichtlich zugelassener Baustoffe, finden Sie im EnEV-Berechnungsprogramm des Bundesverbandes der Deutschen Zementindustrie Stoff	zitierte Norm	Rohdichte ρ [kg/m³]	Bemessungswerte der Wärmeleitfähigkeit λ [W/(m·K)]	Richtwert der Wasserdampf-Diffusionswiderstandszahl μ
1. Putze, Mörtel und Estriche				
Putzmörtel aus Kalk, Kalkzement und hydraulischem Kalk	DIN V 4108-4	(1800)	1,00	15/35
Putzmörtel aus Kalkgips, Gips, Anhydrit und Kalkanhydrit	DIN V 4108-4	(1400)	0,70	10
Leichtputz	DIN V 4108-4	< 1300 ≤ 1000 ≤ 700	0,56 0,38 0,25	15/20 15/20 15/20
Gipsputz ohne Gesteinskörnung	DIN V 4108-4	(1200)	0,51	10
Gipsdämmputz Gipsputz Gipsputz	DIN EN 12524	600 1000 1300	0,18 0,40 0,57	10 10 10
Wärmedämmputz nach DIN 18550-3 WLG 060 WLG 070 WLG 080 WLG 090 WLG 100	DIN V 4108-4	(≥ 200)	0,06 0,07 0,08 0,09 0,10	5/20 5/20 5/20 5/20 5/20
Kunstharzputz	DIN V 4108-4	(1100)	0,70	50/200
Zementmörtel	DIN V 4108-4	(2000)	1,60	15/35
Normalmörtel NM	DIN V 4108-4	(1800)	1,20	15/35
Dünnbettmauermörtel	DIN V 4108-4	(1600)	1,00	15/35
Leichtmörtel LM 36	DIN V 4108-4	≤ 1000	0,36	15/35
Leichtmörtel LM 21	DIN V 4108-4	≤ 700	0,21	15/35
Leichtmauermörtel	DIN V 4108-4	250 400 700 1000 1500	0,10 0,14 0,25 0,38 0,69	5/20 5/20 5/20 5/20 5/20
Asphalt	DIN EN 12524	2100	0,70	50000
Zement-Estrich	DIN V 4108-4	(2000)	1,40	15/35

Stoff	zitierte Norm	Rohdichte ρ [kg/m³]	Bemessungswerte der Wärmeleitfähigkeit λ [W/(m·K)]	Richtwert der Wasserdampf-Diffusionswiderstandszahl μ
Anhydrit-Estrich	DIN V 4108-4	(2100)	1,20	15/35
Magnesia-Estrich	DIN V 4108-4	1400 2300	0,47 0,70	15/35 15/35
2. Betonbauteile				
Beton mittlere Rohdichte (1800) mittlere Rohdichte (2000) mittlere Rohdichte (2200) hohe Rohdichte armiert (mit 1 % Stahl) armiert (mit 2 % Stahl)	DIN EN 12524	 1800 2000 2200 2400 2300 2400	 1,15 1,35 1,65 2,00 2,30 2,50	 100 100 120 130 130 130
Leichtbeton und Stahlleichtbeton mit geschlossenem Gefüge nach DIN EN 206, hergestellt unter Verwendung von Gesteinskörnungen mit porigem Gefüge nach DIN 4226-2 ohne Quarzsandzusatz	DIN V 4108-4	800 900 1000 1100 1200 1300 1400 1500 1600 1800 2000	0,39 0,44 0,49 0,55 0,62 0,70 0,79 0,89 1,00 1,30 1,60	70/150 70/150 70/150 70/150 70/150 70/150 70/150 70/150 70/150 70/150 70/150
Leichtbeton mit haufwerksporigem Gefüge mit nicht porigen Gesteinskörnungen nach DIN 4226-1	DIN V 4108-4	1600 1800 2000	0,81 1,10 1,40	3/10 3/10 5/10
Leichtbeton mit haufwerksporigem Gefüge mit porigen Gesteinskörnungen nach DIN 4226-2, ohne Quarzsandzusatz	DIN V 4108-4	600 700 800 1000 1200 1400 1600 1800 2000	0,22 0,26 0,28 0,36 0,46 0,57 0,75 0,92 1,20	5/15 5/15 5/15 5/15 5/15 5/15 5/15 5/15 5/15

Stoff	zitierte Norm	Rohdichte ρ [kg/m³]	Bemessungswerte der Wärmeleitfähigkeit λ [W/(m·K)]	Richtwert der Wasserdampf-Diffusionswiderstandszahl μ
Leichtbeton mit haufwerksporigem Gefüge ausschließlich unter Verwendung von Naturbims	DIN V 4108-4	500	0,16	5/15
		600	0,18	5/15
		700	0,21	5/15
		800	0,24	5/15
		900	0,28	5/15
		1000	0,32	5/15
		1100	0,37	5/15
		1200	0,41	5/15
		1300	0,47	5/15
Leichtbeton mit haufwerksporigem Gefüge ausschließlich unter Verwendung von Blähton	DIN V 4108-4	400	0,13	5/15
		500	0,16	5/15
		600	0,19	5/15
		700	0,23	5/15
		800	0,27	5/15
		900	0,30	5/15
		1000	0,35	5/15
		1100	0,39	5/15
		1200	0,44	5/15
		1300	0,50	5/15
		1400	0,55	5/15
		1500	0,60	5/15
		1600	0,68	5/15
		1700	0,76	5/15

3. Bauplatten

Wandplatten aus Leichtbeton nach DIN 18162	DIN V 4108-4	800	0,29	5/10
		900	0,32	5/10
		1000	0,37	5/10
		1200	0,47	5/10
		1400	0,58	5/10

Stoff	zitierte Norm	Rohdichte ρ [kg/m³]	Bemessungswerte der Wärmeleitfähigkeit λ [W/(m·K)]			Richtwert der Wasserdampf-Diffusionswiderstandszahl μ
4. Mauerwerk, einschließlich Mörtelfugen						
Mauerwerk aus Betonsteinen, Hohlblöcke nach DIN 18151, Gruppe 1	DIN V 4108-4		LM 21	LM 36	NM	
		450	0,20	0,21	0,24	5/10
		500	0,22	0,23	0,26	5/10
		550	0,23	0,24	0,27	5/10
		600	0,24	0,25	0,29	5/10
		650	0,26	0,27	0,30	5/10
		700	0,28	0,29	0,32	5/10
		800	0,31	0,32	0,35	5/10
		900	0,34	0,36	0,39	5/10
		1000			0,45	5/10
		1200			0,53	5/10
		1400			0,65	5/10
Mauerwerk aus Betonsteinen, Hohlblöcke nach DIN 18151, Gruppe 2	DIN V 4108-4		LM 21	LM 36	NM	
		450	0,22	0,23	0,28	5/10
		500	0,24	0,25	0,30	5/10
		550	0,26	0,27	0,31	5/10
		600	0,27	0,28	0,32	5/10
		650	0,29	0,30	0,34	5/10
		700	0,30	0,32	0,36	5/10
		800	0,34	0,36	0,41	5/10
		900	0,37	0,40	0,46	5/10
		1000			0,52	5/10
		1200			0,60	5/10
		1400			0,72	5/10
Mauerwerk aus Betonsteinen, Vollblöcke nach DIN 18152 (Vbl, S-W)	DIN V 4108-4		LM 21	LM 36	NM	
		450	0,14	0,16	0,18	5/10
		500	0,15	0,17	0,20	5/10
		550	0,16	0,18	0,21	5/10
		600	0,17	0,19	0,22	5/10

Stoff	zitierte Norm	Rohdichte ρ [kg/m³]	Bemessungswerte der Wärmeleitfähigkeit λ [W/(m·K)]			Richtwert der Wasserdampf-Diffusionswiderstandszahl μ
(Fortsetzung)			LM 21	LM 36	NM	
		650	0,18	0,20	0,23	5/10
		700	0,19	0,21	0,25	5/10
		800	0,21	0,23	0,27	5/10
		900	0,25	0,26	0,30	5/10
		1000	0,28	0,29	0,32	5/10
Mauerwerk aus Betonsteinen, Vollblöcke aus Leichtbeton nach DIN 18152 (Vbl, Vbl-S) mit anderen leichten Gesteinskörnungen als Naturbims und Blähton	DIN V 4108-4		LM 21	LM 36	NM	
		450	0,22	0,23	0,28	5/10
		500	0,23	0,24	0,29	5/10
		550	0,24	0,25	0,30	5/10
		600	0,25	0,26	0,31	5/10
		650	0,26	0,27	0,32	5/10
		700	0,27	0,28	0,33	5/10
		800	0,29	0,30	0,36	5/10
		900	0,32	0,32	0,39	5/10
		1000	0,34	0,35	0,42	5/10
		1200			0,49	5/10
		1400			0,57	5/10
		1600			0,69	10/15
		1800			0,79	10/15
		2000			0,89	10/15
Mauerwerk aus Betonsteinen, Vollsteine aus Beton nach DIN 18152 (V)	DIN V 4108-4		LM 21	LM 36	NM	
		450	0,21	0,22	0,31	5/10
		500	0,22	0,23	0,32	5/10
		550	0,23	0,25	0,33	5/10
		600	0,24	0,26	0,34	5/10
		650	0,25	0,27	0,35	5/10
		700	0,27	0,29	0,37	5/10
		800	0,30	0,32	0,40	5/10
		900	0,33	0,35	0,43	5/10
		1000	0,36	0,38	0,46	5/10
		1200			0,54	5/10
		1400			0,63	5/10
		1600			0,74	10/15

Stoff	zitierte Norm	Rohdichte ρ [kg/m³]	Bemessungswerte der Wärmeleitfähigkeit λ [W/(m·K)]			Richtwert der Wasserdampf-Diffusionswiderstandszahl μ
(Fortsetzung)		1800 2000			0,87 0,99	10/15 10/15
Mauerwerk aus Betonsteinen, Mauersteine aus Beton nach DIN 18153	DIN V 4108-4		LM 21	LM 36	NM	
		800 900 1000 1200 1400 1600 1800 2000 2200 2400			0,60 0,65 0,70 0,80 0,90 1,10 1,20 1,40 1,70 2,10	5/15 5/15 5/15 5/15 20/30 20/30 20/30 20/30 20/30 20/30

5. Wärmedämmstoffe

Polystyrol(PS)-Partikelschaum, DIN V 18164-1, WLG 035	DIN V 4108-4	≥ 15 ≥ 20 ≥ 30	0,035 0,035 0,035	20/50 30/70 40/100
Polystyrol(PS)-Partikelschaum, DIN V 18164-1, WLG 040	DIN V 4108-4	≥ 15 ≥ 20 ≥ 30	0,040 0,040 0,040	20/50 30/70 40/100
Polystyrol(PS)-Extruderschaum nach DIN V 18164-1 WLG 030 WLG 035 WLG 040	DIN V 4108-4	(≥ 25)	0,030 0,035 0,040	80/250 80/250 80/250
Polystyrol(PS)-Extruderschaum außerhalb der Bauwerksabdichtung nach DIN V 18164-1 WLG 030 WLG 035 WLG 040	DIN V 4108-4	(≥ 30)	0,030 0,035 0,040	80/250 80/250 80/250

Stoff (Fortsetzung)	zitierte Norm	Rohdichte ρ [kg/m³]	Bemessungswerte der Wärmeleitfähigkeit λ [W/(m·K)]	Richtwert der Wasserdampf-Diffusionswiderstandszahl μ
Polyurethan(PUR)-Hartschaum nach DIN V 18164-1	DIN V 4108-4			
WLG 020		(≥ 30)	0,020	30/100
WLG 025			0,025	30/100
WLG 030			0,030	30/100
WLG 035			0,035	30/100
WLG 040			0,040	30/100
Phenolharz(PF)-Hartschaum nach DIN V 18164-1	DIN V 4108-4			
WLG 030		(≥ 30)	0,030	10/50
WLG 035			0,035	10/50
WLG 040			0,040	10/50
WLG 045			0,045	10/50
Mineralische und pflanzliche Faserdämmstoffe nach DIN V 18165-1	DIN V 4108-4			
WLG 035		(8 - 500)	0,035	1
WLG 040			0,040	1
WLG 045			0,045	1
WLG 050			0,050	1
Schaumglas nach DIN 18174	DIN V 4108-4			
WLG 045		(100 - 150)	0,045	praktisch dampfdicht
WLG 050			0,050	praktisch dampfdicht
WLG 055			0,055	praktisch dampfdicht
WLG 060			0,060	praktisch dampfdicht
Schaumglas nach DIN 18174 (außerhalb der Bauwerksabdichtung)	DIN V 4108-4			
WLG 045		(110 - 150)	0,045	praktisch dampfdicht
WLG 050			0,050	praktisch dampfdicht
WLG 055			0,055	praktisch dampfdicht

6. Holz und Holzwerkstoffe

Konstruktionsholz	DIN EN 12524	500	0,13	50
		700	0,18	200
Sperrholz	DIN EN 12524	300	0,09	150
		500	0,13	200

Stoff (Fortsetzung)	zitierte Norm	Rohdichte ρ [kg/m³]	Bemessungswerte der Wärmeleitfähigkeit λ [W/(m·K)]	Richtwert der Wasserdampf-Diffusionswiderstandszahl μ
		700 1000	0,17 0,24	220 250
Zementgebundene Spanplatte	DIN EN 12524	1200	0,23	50
Spanplatte	DIN EN 12524	300 600 900	0,10 0,14 0,18	50 50 50
OSB-Platten	DIN EN 12524	650	0,13	50
Holzfaserplatte, einschließlich MDF	DIN EN 12524	250 400 600 800	0,07 0,10 0,14 0,18	5 10 10 10

7. Beläge, Abdichtstoffe und Abdichtungsbahnen

Bitumendachbahnen nach DIN 52128	DIN V 4108-4	(1200)	0,17	10000/80000
Nackte Bitumenbahnen nach DIN 52129	DIN V 4108-4	(1200)	0,17	2000/20000
Glasvlies-Bitumendachbahnen nach DIN 52143	DIN V 4108-4	–	0,17	20000/60000
Kunststoff-Dachbahnen (ECB) 2,0 K nach DIN 16729	DIN V 4108-4	–	–	50000/75000
Kunststoff-Dachbahnen (ECB) 2,0 nach DIN 16729	DIN V 4108-4	–	–	70000/90000
Kunststoff-Dachbahnen (PVC-P) nach DIN 16730	DIN V 4108-4	–	–	10000/30000
Kunststoff-Dachbahnen (PIB) nach DIN 16731	DIN V 4108-4	–	–	40000/1750000
PTFE-Folien d ≥ 0,05 mm PA-Folie d ≥ 0,05 mm PP-Folie d ≥ 0,05 mm	DIN V 4108-4	– – –	– – –	10000 50000 1000

Stoff (Fortsetzung)	zitierte Norm	Roh-dichte ρ [kg/m³]	Bemes-sungswerte der Wärme-leitfähigkeit λ [W/(m·K)]	Richtwert der Wasser-dampf-Dif-fusionswi-derstands-zahl μ
Fußbodenbeläge				
Gummi	DIN EN 12524	1200	0,170	10000
Kunststoff		1700	0,250	10000
Unterlagen, poröser Gummi oder Kunststoff		270	0,100	10000
Filzunterlage		120	0,050	20
Wollunterlage		200	0,060	20
Korkunterlage		<200	0,050	20
Korkfliesen		>400	0,065	40
Teppich/Teppichböden		200	0,060	5
Linoleum		1200	0,170	1000
Silicagel (Trockenmittel)	DIN EN 12524	720	0,130	∞
Silikon ohne Füllstoff	DIN EN 12524	1200	0,350	5000
Silikon mit Füllstoffen	DIN EN 12524	1450	0,500	5000
Silikonschaum	DIN EN 12524	750	0,120	10000
Urethan-/Polyurethanschaum (als wärmetechnische Trennung)	DIN EN 12524	1300	0,210	60
Weichpolyvinylchlorid (PVC-P) mit 40 % Weichmacher	DIN EN 12524	1200	0,140	100000
Elastomerschaum, flexibel	DIN EN 12524	60 bis 80	0,050	10000
Polyurethanschaum (PU)	DIN EN 12524	70	0,050	60
Polyethylenschaum	DIN EN 12524	70	0,050	100

8. Sonstige gebräuchliche Stoffe

Lose Schüttungen				
Blähperlit-Schüttung	DIN V 4108-4	(≤ 100)	0,060	3
Blähglimmer-Schüttung		(≤ 100)	0,070	3
Korkschrot-Schüttung		(≤ 200)	0,055	3
Hüttenbims-Schüttung		(≤ 600)	0,130	3
Blähton-, Blähschiefer-Schüttung		(≤ 400)	0,160	3
Bimskies-Schüttung		(≤ 1000)	0,190	3
Schaumlava-Schüttung 1200		≤ 1200	0,220	3
Schaumlava-Schüttung 1500		≤ 1500	0,270	3

Stoff (Fortsetzung)	zitierte Norm	Rohdichte ρ [kg/m³]	Bemessungswerte der Wärmeleitfähigkeit λ [W/(m·K)]	Richtwert der Wasserdampf-Diffusionswiderstandszahl μ
Polystyrolschaumstoff-Partikel-Schüttung	DIN V 4108-4	(15)	0,050	3
Sand-, Kies-, Splitt-Schüttung (trocken)	DIN V 4108-4	(1800)	0,700	3
Aluminiumlegierungen	DIN EN 12524	2800	160	∞
Bronze	DIN EN 12524	8700	65	∞
Messing	DIN EN 12524	8400	120	∞
Kupfer	DIN EN 12524	8900	380	∞
Gusseisen	DIN EN 12524	7500	50	∞
Blei	DIN EN 12524	11300	35	∞
Stahl	DIN EN 12524	7800	50	∞
nicht rostender Stahl	DIN EN 12524	7900	17	∞
Zink	DIN EN 12524	7200	110	∞

5.3 Diagramme und Planungshilfen für ausgewählte Anlagensysteme mit Standardkomponenten (Anlagen-Aufwandszahlen)

5.3.1 Niedertemperatur-Kessel mit gebäudezentraler Trinkwassererwärmung (Anlage 1 nach DIN V 4701-10; entspricht Anlage 4 nach Beiblatt 1 zu DIN V 4701-10)

Heizung	Übergabe:	• Radiatoren mit Thermostatventil 1K
	Verteilung:	• maximale Vorlauf-/Rücklauftemperatur 70 °C/55 °C • horizontale Verteilung außerhalb der thermischen Hülle • vertikale Stränge innenliegend • geregelte Pumpe
	Erzeugung:	• Niedertemperatur-Kessel außerhalb der thermischen Hülle
Trinkwassererwärmung	Speicherung:	• indirekt beheizter Speicher • horizontale Verteilung außerhalb der thermischen Hülle
	Verteilung:	• horizontale Verteilung außerhalb der thermischen Hülle, mit Zirkulation
	Erzeugung:	• zentral, Niedertemperatur-Kessel

Bild 5.1: Anlagen-Aufwandszahl für Anlage 1

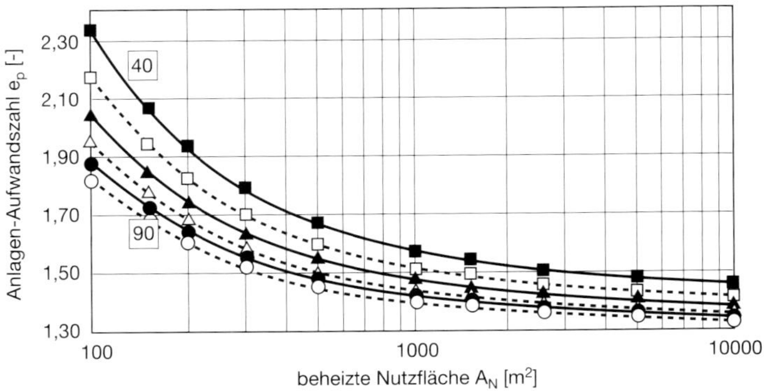

e_P [-]		A_N [m²]									
		100	150	200	300	500	1000	1500	2500	5000	10000
q_h [kWh/(m²·a)]	—■— 40	2,34	2,07	1,93	1,79	1,66	1,57	1,54	1,51	1,49	1,46
	--□-- 50	2,17	1,94	1,82	1,70	1,59	1,51	1,49	1,46	1,44	1,42
	—▲— 60	2,05	1,84	1,74	1,63	1,54	1,47	1,45	1,42	1,41	1,38
	--△-- 70	1,95	1,77	1,68	1,58	1,50	1,44	1,42	1,39	1,38	1,36
	—●— 80	1,88	1,72	1,63	1,55	1,47	1,41	1,40	1,37	1,36	1,34
	--○-- 90	1,82	1,67	1,59	1,52	1,45	1,39	1,38	1,36	1,35	1,33

Brennwertkessel mit gebäudezentraler Trinkwassererwärmung (Anlage 2 nach DIN V 4701-10; entspricht Anlage 16 nach Beiblatt 1 zu DIN V 4701-10)

Heizung	Übergabe:	• Radiatoren mit Thermostatventil 1K
	Verteilung:	• maximale Vorlauf-/Rücklauf temperatur 55 °C/45 °C • horizontale Verteilung außerhalb der thermischen Hülle • vertikale Stränge innenliegend • geregelte Pumpe
	Erzeugung:	• Brennwertkessel außerhalb der thermischen Hülle
Trinkwasser-erwärmung	Speicherung:	• indirekt beheizter Speicher außerhalb der thermischen Hülle
	Verteilung:	• horizontale Verteilung außerhalb der thermischen Hülle, mit Zirkulation
	Erzeugung:	• zentral, Brennwertkessel

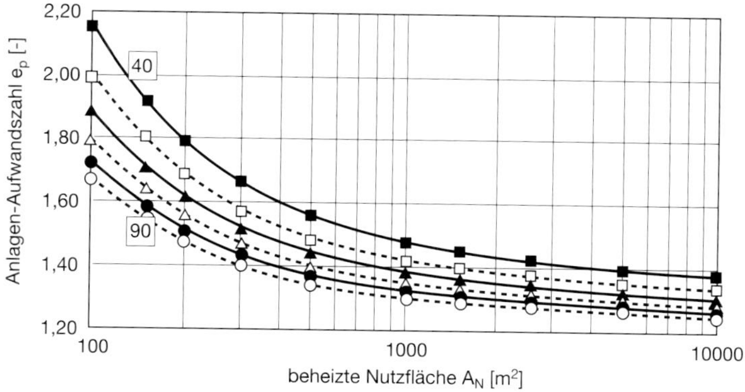

Bild 5.2: Anlagen-Aufwandszahl für Anlage 2

e_P [-]		A_N [m²]									
		100	150	200	300	500	1000	1500	2500	5000	10000
q_h [kWh/(m²·a)]	—■— 40	2,16	1,91	1,79	1,67	1,56	1,46	1,44	1,42	1,39	1,38
	- -□- - 50	2,00	1,78	1,68	1,58	1,49	1,41	1,39	1,37	1,34	1,33
	—▲— 60	1,88	1,70	1,61	1,52	1,44	1,37	1,35	1,34	1,31	1,30
	- -△- - 70	1,79	1,63	1,55	1,48	1,40	1,34	1,33	1,31	1,29	1,28
	—●— 80	1,72	1,58	1,51	1,44	1,37	1,32	1,30	1,29	1,27	1,26
	- -○- - 90	1,67	1,53	1,47	1,41	1,35	1,30	1,29	1,27	1,25	1,25

5.3.3

Brennwertkessel und solar unterstützte Trinkwassererwärmung (Anlage 3 nach DIN V 4701-10; entspricht Anlage 32 nach Beiblatt 1 zu DIN V 4701-10)

Heizung	Übergabe:	• Radiatoren mit Thermostatventil 1K
	Verteilung:	• Aufstellung innerhalb der thermischen Hülle • maximale Vorlauf-/Rücklauftemperatur 55 °C/45 °C • Stränge innenliegend • geregelte Pumpe
	Erzeugung:	• Brennwertkessel, Gas, • Aufstellung innerhalb der thermischen Hülle
Trinkwassererwärmung	Speicherung:	• indirekt beheizter Speicher • Aufstellung innerhalb der thermischen Hülle
	Verteilung:	• gebäudezentral • ohne Zirkulation • horizontale Verteilung außerhalb der thermischen Hülle
	Erzeugung:	• Brennwertkessel und Solaranlage

Bild 5.3: Anlagen-Aufwandszahl für Anlage 3

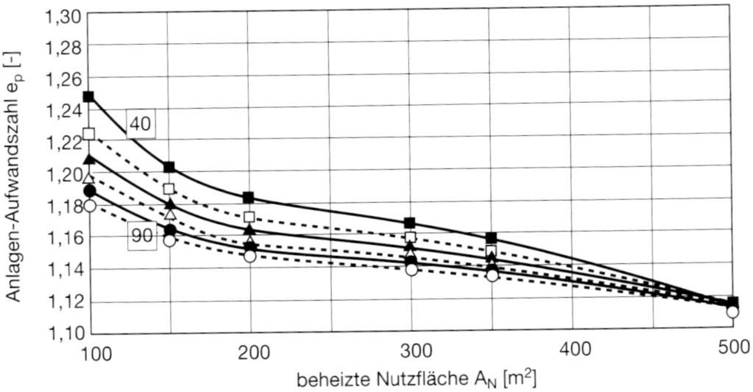

e_P [-]		A_N [m²]									
		100	150	200	300	500	1000	1500	2500	5000	10000
q_h [kWh/(m²·a)]	■ 40	1,25	1,21	1,18	1,17	1,12	—	—	—	—	—
	□ 50	1,23	1,19	1,17	1,16	1,12	—	—	—	—	—
	▲ 60	1,21	1,18	1,16	1,15	1,11	—	—	—	—	—
	△ 70	1,20	1,17	1,16	1,15	1,11	—	—	—	—	—
	● 80	1,19	1,16	1,15	1,14	1,11	—	—	—	—	—
	○ 90	1,18	1,16	1,15	1,14	1,11	—	—	—	—	—

5.3.4

Brennwertkessel und Lüftungsanlage mit Wärmerückgewinnung (Anlage 4 nach DIN V 4701-10; entspricht Anlage 27 nach Beiblatt 1 zu DIN V 4701-10)

Heizung	Übergabe:	• Radiatoren mit Thermostatventil 1K
	Verteilung:	• maximale Vorlauf-/Rücklauftemperatur 55 °C/45 °C • horizontale Verteilung innerhalb der thermischen Hülle • vertikale Stränge innenliegend • geregelte Pumpe
	Erzeugung	• Brennwertkessel innerhalb der thermischen Hülle
Trinkwasser-erwärmung	Speicherung:	• indirekt beheizter Speicher innerhalb der thermischen Hülle
	Verteilung:	• horizontale Verteilung innerhalb der thermischen Hülle, mit Zirkulation
	Erzeugung:	• zentral, Brennwertkessel
Lüftung	Übergabe:	• Lüftungsanlage mit Temperaturen kleiner 20 °C
	Verteilung:	• zentrale Zu- und Abluftanlage • Luftwechsel 0,4 h^{-1} • DC-Ventilatoren
	Erzeugung:	• Wärmerückgewinnung 80 %

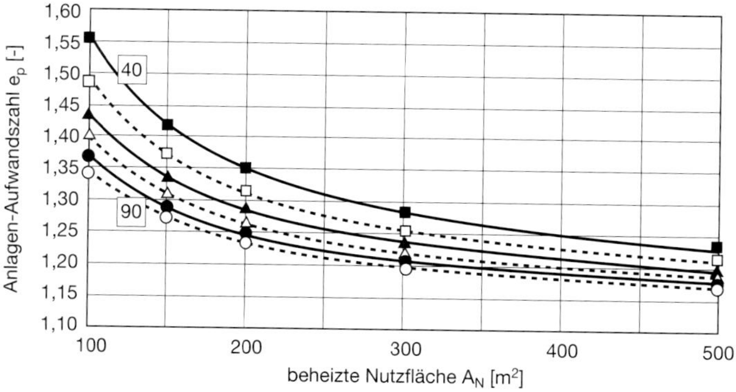

Bild 5.4: Anlagen-Aufwandszahl für Anlage 4

e_p [-] / q_h [kWh/(m²·a)]	A_N [m²]									
	100	150	200	300	500	1000	1500	2500	5000	10000
—■— 40	1,56	1,42	1,35	1,28	1,23	—	—	—	—	—
--□-- 50	1,49	1,37	1,31	1,25	1,21	—	—	—	—	—
—▲— 60	1,44	1,33	1,29	1,23	1,19	—	—	—	—	—
--△-- 70	1,40	1,31	1,26	1,22	1,18	—	—	—	—	—
—●— 80	1,37	1,29	1,25	1,21	1,18	—	—	—	—	—
--○-- 90	1,34	1,27	1,23	1,20	1,17	—	—	—	—	—

Wärmepumpe mit gebäudezentraler Trinkwassererwärmung (Anlage 5 nach DIN V 4701-10; entspricht Anlage 51 nach Beiblatt 1 zu DIN V 4701-10)

Heizung	Übergabe:	• Flächenheizung mit Einzelraumregelung 2 K
	Speicherung:	• Pufferspeicher außerhalb der thermischen Hülle
	Verteilung:	• maximale Vorlauf-/Rücklauftemperatur 35 °C/28 °C • horizontale Verteilung außerhalb der thermischen Hülle • vertikale Stränge innenliegend • geregelte Pumpe
Trinkwassererwärmung	Speicherung:	• indirekt beheizter Speicher außerhalb der thermischen Hülle
	Verteilung:	• horizontale Verteilung innerhalb der thermischen Hülle • keine Zirkulation
	Erzeugung:	• zentral, Sole/Wasser-Wärmepumpe

Bild 5.5: Anlagen-Aufwandszahl für Anlage 5

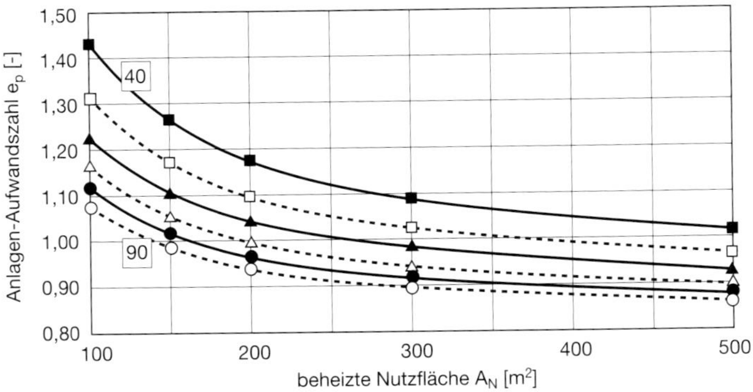

e_P [-]	A_N [m²] 100	150	200	300	500	1000	1500	2500	5000	10000
q_h [kWh/(m²·a)] ─■─ 40	1,42	1,25	1,17	1,08	1,01	—	—	—	—	—
- -□- - 50	1,31	1,16	1,09	1,02	0,96	—	—	—	—	—
─▲─ 60	1,22	1,10	1,04	0,98	0,92	—	—	—	—	—
- -△- - 70	1,16	1,05	1,00	0,94	0,90	—	—	—	—	—
─●─ 80	1,11	1,01	0,96	0,91	0,87	—	—	—	—	—
- -○- - 90	1,07	0,98	0,94	0,89	0,86	—	—	—	—	—

Dezentrale elektrische Direktheizung mit Lüftungsanlage, dezentrale Trinkwassererwärmung (Anlage 6 nach DIN V 4701-10; entspricht Anlage 60 nach Beiblatt 1 zu DIN V 4701-10)

Heizung	Übergabe:	• Direktheizung
	Erzeugung:	• dezentrale elektrische Direktheizung
Trinkwasser-erwärmung	Erzeugung:	• wohnungszentral • elektrische Durchlauferhitzer
Lüftung	Übergabe::	• Luftauslässe im Außenwandbereich • ohne Einzelraumregelung • mit zentraler Vorregelung
	Verteilung:	• innerhalb der thermischen Hülle • zentrale Zu- und Abluftanlage • Luftwechsel 0,6 h^{-1} • DC-Ventilatoren
	Erzeugung:	• Abluft/Zuluft-Wärmepumpe mit Wärmeübertrager innerhalb der thermischen Hülle • Wärmerückgewinnung 80 %

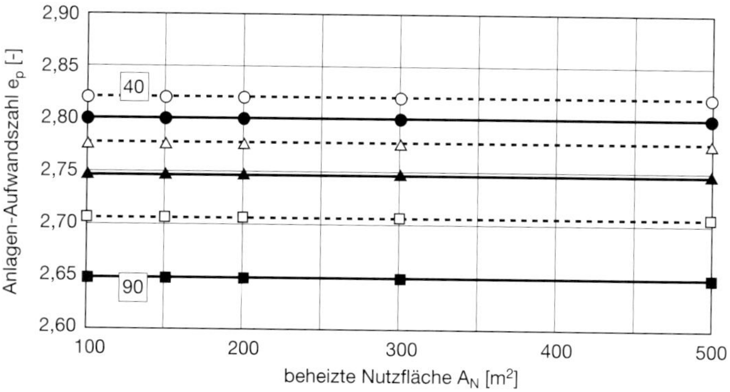

Bild 5.6: Anlagen-Aufwandszahl für Anlage 6

e_p [-]		A_N [m^2]									
		100	150	200	300	500	1000	1500	2500	5000	10000
q_h [kWh/(m^2·a)]	—■— 40	2,65	2,65	2,65	2,65	2,65	—	—	—	—	—
	- - □ - - 50	2,71	2,71	2,71	2,71	2,71	—	—	—	—	—
	—▲— 60	2,75	2,75	2,75	2,75	2,75	—	—	—	—	—
	- - △ - - 70	2,78	2,78	2,78	2,78	2,78	—	—	—	—	—
	—●— 80	2,80	2,80	2,80	2,80	2,80	—	—	—	—	—
	- - ○ - - 90	2,82	2,82	2,82	2,82	2,82	—	—	—	—	—

Berechnung des Einflusses von Heizunterbrechungen

1. Ermittlung der wirksamen Wärmespeicherfähigkeit C_{wirk}

Die wirksame Wärmespeicherfähigkeit C_{wirk} eines Gebäudes zur Berücksichtigung von Heizunterbrechungen wird in ähnlicher Weise ermittelt, wie die wirksame Wärmespeicherfähigkeit zur Ermittlung der wirksamen Wärmegewinne (siehe 3.2.3.2). Auch hier stehen wiederum zwei Möglichkeiten zur Verfügung, diese Werte zu ermitteln. Zum einen kann die wirksame Wärmespeicherfähigkeit aus den mit der Raumluft in Berührung kommenden Bauteilen exakt berechnet werden. Dabei werden jedoch nur solche Bauteilschichten bis zu einer Bauteiltiefe von 3 cm berücksichtigt, deren Baustoffe eine Wärmeleitfähigkeit $\lambda_i \geq 0{,}1$ W/(m · K) aufweisen. Sind in dem betrachteten Bauteil Schichten aus Baustoffen angeordnet, die eine Wärmeleitfähigkeit $\lambda_i < 0{,}1$ W/(m · K) besitzen und bei denen die Bauteilschicht einen Wärmedurchlasswiderstand $R_i > 0{,}25$ m² · K/W aufweist, sind nur die raumseitig davor angeordneten Bauteilschichten in Rechnung zu stellen. Vereinfachend kann jedoch auch mit folgenden pauschalen Werten gerechnet werden (Gl. 5.1 und Gl. 5.2):

❒ bei schweren Gebäuden

$$C_{wirk} = 18 \text{ Wh/(m}^3 \cdot \text{K)} \cdot V_e \qquad \text{(Gl. 5.1)}$$

❒ bei leichten Gebäuden

$$C_{wirk} = 12 \text{ Wh/(m}^3 \cdot \text{K)} \cdot V_e \qquad \text{(Gl. 5.2)}$$

Für das betrachtete massive Beispielhaus berechnet sich die wirksame Wärmespeicherfähigkeit bei Heizunterbrechungen pauschaliert zu

$$C_{wirk} = 18 \text{ Wh/(m}^3 \cdot \text{K)} \cdot 520 \text{ m}^3 = 9.360 \text{ Wh/K}$$

2. Spezifischer Wärmeverlust H_{sb} während der Heizunterbrechungsphase

Der spezifische Wärmeverlust H_{sb} ergibt sich aus der Summe der Transmissionswärmeverluste H_T und der Lüftungswärmeverluste H_V gemäß Gl. 5.3

$$H_{sb} = H_T + H_V \qquad \text{(Gl. 5.3)}$$

Für das Beispielwohnhaus ergeben sich in Abhängigkeit der bereits oben skizzierten vier Fälle die folgenden spezifischen Wärmeverluste.

Fall 1: ohne Nachweis der Luftdichtheit der Gebäudehülle
pauschalierte Berücksichtigung der Wärmebrücken

H_V [W/K]	94,1	(s. S. 108)
H_T [W/K]	136,6	(s. S. 107)
$H_{sb} = H_V + H_T$ [W/K]	230,7	

Fall 2: ohne Nachweis der Luftdichtheit der Gebäudehülle
rechnerische Ermittlung der Wärmebrückeneffekte

H_V [W/K]	94,1	(s. S. 108)
H_T [W/K]	129,8	(s. S. 107)
$H_{sb} = H_V + H_T$ [W/K]	223,9	

Fall 3: mit Nachweis der Luftdichtheit der Gebäudehülle
pauschalierte Berücksichtigung der Wärmebrücken

H_V [W/K]	80,6	(s. S. 108)
H_T [W/K]	136,6	(s. S. 107)
$H_{sb} = H_V + H_T$ [W/K]	217,2	

Fall 4: mit Nachweis der Luftdichtheit der Gebäudehülle
rechnerische Ermittlung der Wärmebrückeneffekte

H_V [W/K]	80,6	(s. S. 108)
H_T [W/K]	129,8	(s. S. 107)
$H_{sb} = H_V + H_T$ [W/K]	210,4	

3. Spezifischer Wärmeverlust H_{ic} zwischen den Bauteilen und der Innenluft

Die spezifischen Wärmeverluste, die zwischen den Bauteilen und der Innenluft auftreten, berechnen sich nach Gl. 5.4

$$H_{ic} = \sum_j \frac{A_j}{R_{ij}} \text{ [W/K]} \qquad \text{(Gl. 5.4)}$$

mit

A_j: Fläche des wärmetauschenden Bauteils j [m²]
R_{ij}: innerer Wärmeübergangswiderstand des Bauteils j [m²·K/W]

Vereinfachend darf auch mit dem pauschalen Ansatz nach Gl. 5.5 gerechnet werden.

$$H_{ic} = \sum_j \frac{4 \cdot A_N}{0{,}13 \frac{m^2 \cdot K}{W}} \text{ [W/K]} \qquad \text{(Gl. 5.5)}$$

mit

A_N: Gebäudenutzfläche [m^2]

Für das Beispielhaus betragen die spezifischen Wärmeverluste H_{ic}

$$H_{ic} = \frac{4 \cdot 166{,}4}{0{,}13} = 5.120 \text{ W/K}$$

4. Direkte spezifische Wärmeverluste H_d

Die direkten spezifischen Wärmeverluste ergeben sich aus der Summe der spezifischen Wärmeverluste H_w der leichten Bauteile der wärmetauschenden Gebäudehülle und den spezifischen Wärmeverlusten H_v der Lüftung entsprechend Gl. 5.6.

$$H_d = H_w + H_v \text{ [W/K]} \qquad \text{(Gl. 5.6)}$$

mit

H_w: spezifische Wärmeverluste der leichten Bauteile der Gebäudehülle wie Fenster, Türen, Paneele etc. [W/K]

H_v: spezifische Wärmeverluste der Lüftung [W/K]

Für das Beispielhaus sind als spezifische Wärmeverluste H_w leichter Bauteile anzusetzen (s. S. 92):

– Fenster	39,60 W/K
– Haustür	5,60 W/K
	45,20 W/K

Demnach ergeben sich die direkten spezifischen Wärmeverluste H_d wie folgt.

Fall 1/2: ohne Nachweis der Luftdichtheit der Gebäudehülle

H_V [W/K]	94,1	(s. S. 108)
H_W [W/K]	45,2	
$H_d = H_V + H_W$ [W/K]	139,3	

Fall 3/4: mit Nachweis der Luftdichtheit der Gebäudehülle

H_V [W/K]	80,6
H_W [W/K]	45,2
$H_d = H_V + H_W$ [W/K]	125,8

5. Berechnung der spezifischen Wärmeverluste H_{ce}

Die spezifischen Wärmeverluste H_{ce} errechnen sich nach Gl. 5.7 aus den bisher bereits ermittelten Wärmeverlusten H_{sb}, H_{ic}, und H_d.

$$H_{ce} = \frac{H_{ic} \cdot (H_{sb} - H_d)}{H_{ic} - (H_{sb} - H_d)} \text{ [W/K]} \qquad \text{(Gl. 5.7)}$$

Für das Beispielwohnhaus werden folgende spezifische Wärmeverluste H_{ce} ermittelt:

Fall 1: ohne Nachweis der Luftdichtheit der Gebäudehülle
pauschalierte Berücksichtigung der Wärmebrücken

H_{ic} [W/K]	5120	(s. S. 184)
H_{sb} [W/K]	230,7	(s. S. 183)
H_d [W/K]	139,3	(s. S. 184)
H_{ce} [W/K]	93,1	

Fall 2: ohne Nachweis der Luftdichtheit der Gebäudehülle
rechnerische Ermittlung der Wärmebrückeneffekte

H_{ic} [W/K]	5120	(s. S. 184)
H_{sb} [W/K]	223,9	(s. S. 183)
H_d [W/K]	139,3	(s. S. 184)
H_{ce} [W/K]	86,0	

Fall 3: mit Nachweis der Luftdichtheit der Gebäudehülle
pauschalierte Berücksichtigung der Wärmebrücken

H_{ic} [W/K]	5120	(s. S. 184)
H_{sb} [W/K]	217,2	(s. S. 183)
H_{d} [W/K]	125,8	(s. S. 185)
H_{ce} [W/K]	93,1	

Fall 4: mit Nachweis der Luftdichtheit der Gebäudehülle
rechnerische Ermittlung der Wärmebrückeneffekte

H_{ic} [W/K]	5120	(s. S. 184)
H_{sb} [W/K]	210,4	(s. S. 183)
H_{d} [W/K]	125,8	(s. S. 185)
H_{ce} [W/K]	86,0	

6. Berechnung des wirksamen Anteils der Wärmespeicherfähigkeit ζ

Der wirksame Anteil der Wärmespeicherfähigkeit ζ wird nach Gl. 5.8 ermittelt.

$$\zeta = \frac{H_{ic}}{H_{ic} + H_{ce}} \qquad \text{(Gl. 5.8)}$$

Für das Beispielwohnhaus ergibt sich folgender wirksamer Anteil der Wärmespeicherfähigkeit ζ.

Fall 1: ohne Nachweis der Luftdichtheit der Gebäudehülle
pauschalierte Berücksichtigung der Wärmebrücken

H_{ic} [W/K]	5120	(s. S. 184)
H_{ce} [W/K]	93,1	(s. S. 185)
ζ	0,982	

Fall 2: ohne Nachweis der Luftdichtheit der Gebäudehülle
rechnerische Ermittlung der Wärmebrückeneffekte

H_{ic} [W/K]	5120	(s. S. 184)
H_{ce} [W/K]	86,0	(s. S. 185)
ζ	0,983	

Fall 3: mit Nachweis der Luftdichtheit der Gebäudehülle
pauschalierte Berücksichtigung der Wärmebrücken

H_{ic} [W/K]	5120	(s. S. 184)
H_{ce} [W/K]	93,1	(s. S. 186)
ζ	0,982	

Fall 4: mit Nachweis der Luftdichtheit der Gebäudehülle
rechnerische Ermittlung der Wärmebrückeneffekte

H_{ic} [W/K]	5120	(s. S. 184)
H_{ce} [W/K]	86,0	(s. S. 186)
ζ	0,983	

7. Berechnung des Verhältniswertes ξ

Der Verhältniswert ξ wird nach Gl. 5.9 berechnet.

$$\xi = \frac{H_{ic}}{H_{ic} + H_d} \qquad \text{(Gl. 5.9)}$$

Für das Beispiel errechnen sich die folgenden Verhältniswerte ξ.

Fall 1/2: ohne Nachweis der Luftdichtheit der Gebäudehülle

H_{ic} [W/K]	5120	(s. S. 184)
H_d [W/K]	139,3	(s. S. 184)
ξ	0,974	

Fall 3/4: mit Nachweis der Luftdichtheit der Gebäudehülle

H_{ic} [W/K]	5120	(s. S. 184)
H_d [W/K]	125,8	(s. S. 185)
ξ	0,976	

8. Berechnung der Bauteil-Zeitkonstanten τ_p

Die Bauteil-Zeitkonstante τ_p ermittelt sich nach Gl. 5.10.

$$\tau_P = \frac{\zeta \cdot C}{\xi \cdot H_{sb}} \qquad \text{(Gl. 5.10)}$$

Für das Beispielwohnhaus mit einer wirksamen Wärmespeicherfähigkeit bei Heizunterbrechungen von $C_{wirk} = 9360$ Wh/K ergeben sich folgende Bauteilkonstante τ_p:

Fall 1: ohne Nachweis der Luftdichtheit der Gebäudehülle
pauschalierte Berücksichtigung der Wärmebrücken

H_{sb} [W/K]	230,7	(s. S. 183)
ζ	0,982	(s. S. 186)
ξ	0,974	(s. S. 187)
τ_p [h]	40,93	

Fall 2: ohne Nachweis der Luftdichtheit der Gebäudehülle
rechnerische Ermittlung der Wärmebrückeneffekte

H_{sb} [W/K]	223,9	(s. S. 183)
ζ	0,983	(s. S. 187)
ξ	0,974	(s. S. 187)
τ_p [h]	42,23	

Fall 3: mit Nachweis der Luftdichtheit der Gebäudehülle
pauschalierte Berücksichtigung der Wärmebrücken

H_{sb} [W/K]	217,2	(s. S. 183)
ζ	0,982	(s. S. 187)
ξ	0,976	(s. S. 188)
τ_p [h]	43,36	

Fall 4: mit Nachweis der Luftdichtheit der Gebäudehülle
rechnerische Ermittlung der Wärmebrückeneffekte

H_{sb} [W/K]	210,4	(s. S. 183)
ζ	0,983	(s. S. 187)
ξ	0,976	(s. S. 188)
τ_p [h]	44,83	

9. Berechnung der Bauteil-Zeitkonstante τ_T

Die Bauteil-Zeitkonstante τ_T ermittelt sich nach Gl. 5.11.

$$\tau_T = \zeta \frac{C}{H_{ce} + H_{ic}} \qquad \text{(Gl. 5.11)}$$

Für das Beispielwohnhaus mit einer wirksamen Wärmespeicherfähigkeit bei Heizunterbrechungen von C_{wirk} = 9360 Wh/K und H_{ic} = 5120 W/K ergeben sich folgende Bauteilzeitkonstanten τ_T:

Fall 1/3: ohne Nachweis der Luftdichtheit der Gebäudehülle
pauschalierte Berücksichtigung der Wärmebrücken

H_{ce} [W/K]	93,1	(s. S. 185)
ζ	0,982	(s. S. 187)
τ_T [h]	1,76	

Fall 2/4: ohne Nachweis der Luftdichtheit der Gebäudehülle
rechnerische Ermittlung der Wärmebrückeneffekte

H_{ce} [W/K]	86,0	(s. S. 185)
ζ	0,983	(s. S. 187)
τ_T [h]	1,77	

10. Bauteiltemperatur θ_{co} zu Beginn der Temperaturreduzierung

Die Bauteiltemperatur θ_{co} zu Beginn der Temperaturreduzierung ermittelt sich nach Gl. 5.12.

$$\theta_{co} = \theta_e + \zeta \cdot (\theta_{io} - \theta_e) \qquad \text{(Gl. 5.12)}$$

Für das Beispielwohnhaus ergeben sich folgende Bauteiltemperaturen θ_{co}:

Fall 1/3: pauschalierte Berücksichtigung der Wärmebrücken (θ_{io} = 19 °C, ζ = 0,982), s. S. 187

Monat	Jan	Feb	Mär	Apr	Mai	Jun	Jul	Aug	Sep	Okt	Nov	Dez
θ_e [°C]	-1,3	0,6	4,1	9,5	12,9	15,7	18,0	18,3	14,4	9,1	4,7	1,3
θ_{co} [°C]	18,64	18,67	18,73	18,83	18,89	18,94	18,98	18,99	18,92	18,82	18,74	18,68

Fall 2/4: rechnerische Ermittlung der Wärmebrückeneffekte (θ_{io} =19 °C, ζ = 0,983), s. S. 187

Monat	Jan	Feb	Mär	Apr	Mai	Jun	Jul	Aug	Sep	Okt	Nov	Dez
θ_e [°C]	-1,3	0,6	4,1	9,5	12,9	15,7	18,0	18,3	14,4	9,1	4,7	1,3
θ_{co} [°C]	18,66	18,70	18,75	18,84	18,90	18,95	18,98	18,99	18,92	18,84	18,76	18,71

11. Bauteiltemperatur θ_{csb}, wenn die Innentemperatur die Mindest-Sollinnentemperatur θ_{isb} erreicht

Die Bauteiltemperatur θ_{csb} zum Zeitpunkt, wenn die Innentemperatur die Mindest-Sollinnentemperatur θ_{isb} erreicht, errechnet sich nach Gl. 5.13.

$$\theta_{csb} = \theta_e + \zeta \cdot (\theta_{isb} - \theta_e) \qquad \text{(Gl. 5.13)}$$

Die Mindest-Sollinnentemperatur θ_{isb} ist festzulegen.

Für das Beispielwohnhaus ergeben sich folgende Bauteiltemperaturen θ_{csb}:

Fall 1/3: pauschalierte Berücksichtigung der Wärmebrücken (θ_{isb} = 19 °C, ζ = 0,982), s. S. 187

Monat	Jan	Feb	Mär	Apr	Mai	Jun	Jul	Aug	Sep	Okt	Nov	Dez
θ_e [°C]	-1,3	0,6	4,1	9,5	12,9	15,7	18,0	18,3	14,4	9,1	4,7	1,3
θ_{csb} [°C]	18,64	18,67	18,73	18,83	18,89	18,94	18,98	18,99	18,92	18,82	18,74	18,68

Fall 2/4: rechnerische Ermittlung der Wärmebrückeneffekte (θ_{isb} =19 °C, ζ = 0,983), s. S. 187

Monat	Jan	Feb	Mär	Apr	Mai	Jun	Jul	Aug	Sep	Okt	Nov	Dez
θ_e [°C]	-1,3	0,6	4,1	9,5	12,9	15,7	18,0	18,3	14,4	9,1	4,7	1,3
θ_{csb} [°C]	18,66	18,70	18,75	18,84	18,90	18,95	18,98	18,99	18,92	18,84	18,76	18,71

12. Höchstens mögliche Innen- und Bauteiltemperatur θ_{ipp} und θ_{cpp}

Die höchstens mögliche Innentemperatur θ_{ipp} errechnet sich nach Gl. 5.14 und die höchstens mögliche Bauteiltemperatur θ_{cpp} nach Gl. 5.15

$$\theta_{ipp} = \theta_e + \frac{\Phi_{pp} + \Phi_g}{H_{sb}} \qquad \text{(Gl. 5.14)}$$

$$\theta_{cpp} = \theta_e + \zeta \cdot (\theta_{ipp} - \theta_e) \qquad \text{(Gl. 5.15)}$$

Dabei errechnet sich die Normheizlast Φ_{pp} des Wärmeerzeugers nach Gl. 5.16.

$$\Phi_{pp} = 1{,}5 \cdot \left(H_T + H_{V,n=0,5}\right) \cdot 31\ \text{K} \qquad \text{(Gl. 5.16)}$$

Die hierbei anzusetzenden Lüftungswärmeverluste H_V sind unter einer verminderten Luftwechselrate von n = 0,5 h^{-1} zu ermitteln (Gl. 5.17).

$$H_{V,n=0,5} = 0{,}34 \cdot 0{,}5 \cdot V \qquad \text{(Gl. 5.17)}$$

Die internen und solaren Gewinne Φ_g werden zu null gesetzt, sofern keine genaueren Daten vorliegen.

Für das Beispielwohnhaus ergeben sich folgende höchstens mögliche Innen- und Bauteiltemperaturen:

Fall 1: ohne Nachweis der Luftdichtheit der Gebäudehülle pauschalierte Berücksichtigung der Wärmebrücken

Monat	Jan	Feb	Mär	Apr	Mai	Jun	Jul	Aug	Sep	Okt	Nov	Dez
Φ_{pp} [W]	9476,70											
θ_{ipp} [°C]	39,78	41,68	45,18	50,58	53,98	56,78	59,08	59,38	55,48	50,18	45,78	42,38
θ_{cpp} [°C]	39,04	40,94	44,44	49,84	53,24	56,04	58,34	58,64	54,74	49,44	45,04	41,64

Fall 2: ohne Nachweis der Luftdichtheit der Gebäudehülle
rechnerische Ermittlung der Wärmebrückeneffekte

Monat	Jan	Feb	Mär	Apr	Mai	Jun	Jul	Aug	Sep	Okt	Nov	Dez
Φ_{pp} [W]	9160,50											
θ_{ipp} [°C]	39,61	41,51	45,01	50,41	53,81	56,61	58,91	59,21	55,31	50,01	45,61	42,21
θ_{cpp} [°C]	38,94	40,84	44,34	49,74	53,14	55,94	58,24	58,54	54,64	49,34	44,94	41,54

Fall 3: mit Nachweis der Luftdichtheit der Gebäudehülle
pauschalierte Berücksichtigung der Wärmebrücken

Monat	Jan	Feb	Mär	Apr	Mai	Jun	Jul	Aug	Sep	Okt	Nov	Dez
Φ_{pp} [W]	9476,70											
θ_{ipp} [°C]	42,33	44,23	47,73	53,13	56,53	59,33	61,63	61,93	58,03	52,73	48,33	44,93
θ_{cpp} [°C]	41,55	43,45	46,95	52,35	55,75	58,55	60,85	61,15	57,25	51,95	47,55	44,15

Fall 4: mit Nachweis der Luftdichtheit der Gebäudehülle
rechnerische Ermittlung der Wärmebrückeneffekte

Monat	Jan	Feb	Mär	Apr	Mai	Jun	Jul	Aug	Sep	Okt	Nov	Dez
Φ_{pp} [W]	9160,50											
θ_{ipp} [°C]	42,24	44,14	47,64	53,04	56,44	59,24	61,54	61,84	57,94	52,64	48,24	44,84
θ_{cpp} [°C]	41,52	43,42	46,92	52,32	55,72	58,52	60,82	61,12	57,22	51,92	47,52	44,12

13. Niedrigste Innentemperatur θ_{inh}, die erreicht werden kann

Da im Rahmen der Nachweisführung der Energieeinsparverordnung von einer Nachtabschaltung, nicht jedoch von einer Nachtabsenkung und somit einer Regelphase ausgegangen wird, ist die niedrigste Innentemperatur θ_{inh}, die theoretisch erreicht werden kann, die jeweilige mittlere monatliche Außentemperatur θ_e.

Für das Beispielwohnhaus ergeben sich für alle betrachteten Fälle die niedrigsten möglichen Innentemperaturen θ_{inh} wie folgt:

Fälle 1 bis 4:

Monat	Jan	Feb	Mär	Apr	Mai	Jun	Jul	Aug	Sep	Okt	Nov	Dez
θ_{inh} [°C]	-1,3	0,6	4,1	9,5	12,9	15,7	18,0	18,3	14,4	9,1	4,7	1,3

14. Niedrigste Bauteilinnentemperatur θ_{cnh}, die erreicht werden kann

Die niedrigste Bauteilinnentemperatur θ_{cnh}, die erreicht werden kann, errechnet sich nach Gl. 5.18.

$$\theta_{cnh} = \theta_e + \zeta \cdot (\theta_{inh} - \theta_e) \qquad \text{(Gl. 5.18)}$$

Für das Beispielwohnhaus ergeben sich für alle betrachteten Fälle die niedrigsten Bauteilinnentemperaturen θ_{cnh} wie folgt.

Fälle 1 bis 4:

Monat	Jan	Feb	Mär	Apr	Mai	Jun	Jul	Aug	Sep	Okt	Nov	Dez
θ_{cnh} [°C]	-1,3	0,6	4,1	9,5	12,9	15,7	18,0	18,3	14,4	9,1	4,7	1,3

15. Innentemperatur θ_{i1} am Ende der Nichtheizphase

Die Innentemperatur θ_{i1}, die sich am Ende der Nichtheizphase – also für Wohngebäude nach sieben Stunden und für Nichtwohngebäude nach zehn Stunden – einstellt, wird nach Gl. 5.19 berechnet.

$$\theta_{i1} = \theta_{inh} + \zeta \cdot (\theta_{co} - \theta_{cnh}) \cdot \exp\left(-\frac{t_{nh}}{\tau_p}\right) \qquad \text{(Gl. 5.19)}$$

Für das Beispielwohnhaus ergeben sich die Innentemperaturen θ_{i1} nach 7-stündiger Nichtheizphase zu:

Fall 1: ohne Nachweis der Luftdichtheit der Gebäudehülle
pauschalierte Berücksichtigung der Wärmebrücken

Monat	Jan	Feb	Mär	Apr	Mai	Jun	Jul	Aug	Sep	Okt	Nov	Dez
θ_{i1} [°C]	15,06	15,43	16,11	17,16	17,82	18,36	18,81	18,86	18,11	17,08	16,22	15,56

Fall 2: ohne Nachweis der Luftdichtheit der Gebäudehülle
rechnerische Ermittlung der Wärmebrückeneffekte

Monat	Jan	Feb	Mär	Apr	Mai	Jun	Jul	Aug	Sep	Okt	Nov	Dez
θ_{i1} [°C]	15,17	15,53	16,19	17,21	17,85	18,38	18,81	18,87	18,13	17,13	16,30	15,66

Fall 3: mit Nachweis der Luftdichtheit der Gebäudehülle
pauschalierte Berücksichtigung der Wärmebrücken

Monat	Jan	Feb	Mär	Apr	Mai	Jun	Jul	Aug	Sep	Okt	Nov	Dez
θ_{i1} [°C]	15,26	15,61	16,25	17,25	17,88	18,39	18,82	18,87	18,15	17,18	16,36	15,74

Fall 4: mit Nachweis der Luftdichtheit der Gebäudehülle
rechnerische Ermittlung der Wärmebrückeneffekte

Monat	Jan	Feb	Mär	Apr	Mai	Jun	Jul	Aug	Sep	Okt	Nov	Dez
θ_{il} [°C]	15,37	15,71	16,33	17,30	17,91	18,41	18,82	18,87	18,18	17,23	16,44	15,83

16. Bauteiltemperatur θ_{c1} am Ende der Nichtheizphase

Die Bauteiltemperatur θ_{c1}, die sich am Ende der Nichtheizphase (Abschaltphase) – sieben Stunden für Wohngebäude, zehn Stunden für Nichtwohngebäude – einstellt, wird nach Gl. 5.20 berechnet.

$$\theta_{c1} = \theta_{cnh} + \frac{\theta_{i1} - \theta_{inh}}{\xi} \qquad \text{(Gl. 5.20)}$$

Für das Beispielwohnhaus ergeben sich die Bauteiltemperaturen θ_{c1} nach 7-stündiger Nichtheizphase zu:

Fall 1: ohne Nachweis der Luftdichtheit der Gebäudehülle
pauschalierte Berücksichtigung der Wärmebrücken

Monat	Jan	Feb	Mär	Apr	Mai	Jun	Jul	Aug	Sep	Okt	Nov	Dez
θ_{cl} [°C]	15,50	15,83	16,43	17,36	17,95	18,43	18,83	18,88	18,21	17,29	16,54	15,95

Fall 2: ohne Nachweis der Luftdichtheit der Gebäudehülle
rechnerische Ermittlung der Wärmebrückeneffekte

Monat	Jan	Feb	Mär	Apr	Mai	Jun	Jul	Aug	Sep	Okt	Nov	Dez
θ_{cl} [°C]	15,62	15,93	16,52	17,42	17,98	18,45	18,83	18,88	18,23	17,35	16,62	16,05

Fall 3: mit Nachweis der Luftdichtheit der Gebäudehülle
pauschalierte Berücksichtigung der Wärmebrücken

Monat	Jan	Feb	Mär	Apr	Mai	Jun	Jul	Aug	Sep	Okt	Nov	Dez
θ_{cl} [°C]	15,67	15,98	16,55	17,44	18,00	18,46	18,84	18,89	18,24	17,37	16,65	16,09

Fall 4: mit Nachweis der Luftdichtheit der Gebäudehülle
rechnerische Ermittlung der Wärmebrückeneffekte

Monat	Jan	Feb	Mär	Apr	Mai	Jun	Jul	Aug	Sep	Okt	Nov	Dez
θ_{cl} [°C]	15,78	16,08	16,64	17,49	18,03	18,48	18,84	18,89	18,27	17,43	16,73	16,19

17. Zeit t_{bh} für die Aufheizphase

Die Zeit t_{bh}, die für die Aufheizphase benötigt wird, errechnet sich nach Gl. 5.21.

$$t_{bh} = \max\left[0; \tau_p \cdot \ln\left(\frac{\xi(\theta_{cpp} - \theta_{c1})}{\theta_{ipp} - \theta_{io}}\right)\right] \qquad \text{(Gl. 5.21)}$$

Für das Beispielwohnhaus ergibt sich die Zeit t_{bh} für die Aufheizphase nach 7-stündiger Nichtheizphase zu:

Fall 1: ohne Nachweis der Luftdichtheit der Gebäudehülle
pauschalierte Berücksichtigung der Wärmebrücken

Monat	Jan	Feb	Mär	Apr	Mai	Jun	Jul	Aug	Sep	Okt	Nov	Dez
t_{bh} [h]	4,01	3,08	1,67	0,06	0,00	0,00	0,00	0,00	0,00	0,16	1,46	2,77

Fall 2: ohne Nachweis der Luftdichtheit der Gebäudehülle
rechnerische Ermittlung der Wärmebrückeneffekte

Monat	Jan	Feb	Mär	Apr	Mai	Jun	Jul	Aug	Sep	Okt	Nov	Dez
t_{bh} [h]	4,08	3,13	1,70	0,07	0,00	0,00	0,00	0,00	0,00	0,17	1,49	2,82

Fall 3: mit Nachweis der Luftdichtheit der Gebäudehülle
pauschalierte Berücksichtigung der Wärmebrücken

Monat	Jan	Feb	Mär	Apr	Mai	Jun	Jul	Aug	Sep	Okt	Nov	Dez
t_{bh} [h]	3,45	2,64	1,40	0,00	0,00	0,00	0,00	0,00	0,00	0,02	1,21	2,37

Fall 4: mit Nachweis der Luftdichtheit der Gebäudehülle
rechnerische Ermittlung der Wärmebrückeneffekte

Monat	Jan	Feb	Mär	Apr	Mai	Jun	Jul	Aug	Sep	Okt	Nov	Dez
t_{bh} [h]	3,50	2,67	1,42	0,00	0,00	0,00	0,00	0,00	0,00	0,03	1,23	2,40

18. Bauteiltemperatur θ_{c3} am Ende der Aufheizzeit

Die Bauteiltemperatur θ_{c3}, die am Ende der Aufheizzeit erreicht wird, berechnet sich nach Gl. 5.22.

Wenn $t_{bh} = 0$, dann ist $\theta_{c3} = \theta_{c1}$.

Sonst:

$$\theta_{c3} = \theta_{cpp} + \frac{\theta_{io} - \theta_{ipp}}{\xi} \qquad \text{(Gl. 5.22)}$$

Für das Beispielgebäude ergeben sich die Bauteiltemperaturen θ_{c3} am Ende der Aufheizzeit zu:

Fall 1: ohne Nachweis der Luftdichtheit der Gebäudehülle
pauschalierte Berücksichtigung der Wärmebrücken

Monat	Jan	Feb	Mär	Apr	Mai	Jun	Jul	Aug	Sep	Okt	Nov	Dez
θ_{c3} [°c]	17,70	17,65	17,55	17,41	17,95	18,43	18,83	18,88	18,21	17,42	17,54	17,63

Fall 2: ohne Nachweis der Luftdichtheit der Gebäudehülle
rechnerische Ermittlung der Wärmebrückeneffekte

Monat	Jan	Feb	Mär	Apr	Mai	Jun	Jul	Aug	Sep	Okt	Nov	Dez
θ_{c3} [°c]	17,76	17,71	17,62	17,47	17,98	18,45	18,83	18,88	18,23	17,48	17,60	17,69

Fall 3: mit Nachweis der Luftdichtheit der Gebäudehülle
pauschalierte Berücksichtigung der Wärmebrücken

Monat	Jan	Feb	Mär	Apr	Mai	Jun	Jul	Aug	Sep	Okt	Nov	Dez
θ_{c3} [°c]	17,65	17,60	17,52	17,44	18,00	18,46	18,84	18,89	18,24	17,39	17,50	17,58

Fall 4: mit Nachweis der Luftdichtheit der Gebäudehülle
rechnerische Ermittlung der Wärmebrückeneffekte

Monat	Jan	Feb	Mär	Apr	Mai	Jun	Jul	Aug	Sep	Okt	Nov	Dez
θ_{c3} [°c]	17,71	17,66	17,58	17,49	18,03	18,48	18,84	18,89	18,27	17,45	17,56	17,65

19. Reduzierung ΔQ_{ilj} des Wärmeverlusts, der sich aus der intermittierenden Beheizung ergibt

Aus der intermittierenden Beheizung (Nachtabschaltung) ergibt sich eine Reduzierung ΔQ_{ilj} des Wärmeverlustes, der sich nach Gl. 5.23 berechnet.

$$\Delta Q_{ilj} = H_{sb} \cdot [(\theta_{io} - \theta_{inh}) \cdot t_{nh} + (\theta_{io} - \theta_{ipp}) \cdot t_{bh}] - C \cdot \zeta \cdot (\theta_{co} - \theta_{c1} + \theta_{c2} - \theta_{c3}) \quad \text{(Gl. 5.23)}$$

Für das Beispielgebäude ergeben sich die Reduzierungen ΔQ_{ilj} der Wärmeverluste durch intermittierende Beheizung (Nachtabschaltung) zu:

Fall 1: ohne Nachweis der Luftdichtheit der Gebäudehülle
pauschalierte Berücksichtigung der Wärmebrücken

Monat	Jan	Feb	Mär	Apr	Mai	Jun	Jul	Aug	Sep	Okt	Nov	Dez
ΔQ_{ilj} [Wh]	4945,65	4220,64	3124,15	1858,96	1193,47	645,65	195,65	136,96	900,00	1939,14	2961,34	3978,86

Fall 2: ohne Nachweis der Luftdichtheit der Gebäudehülle
rechnerische Ermittlung der Wärmebrückeneffekte

Monat	Jan	Feb	Mär	Apr	Mai	Jun	Jul	Aug	Sep	Okt	Nov	Dez
ΔQ_{ilj} [Wh]	4685,00	3994,26	2952,00	1753,05	1125,38	608,81	184,49	129,14	848,65	1828,91	2797,50	3764,18

Fall 3: mit Nachweis der Luftdichtheit der Gebäudehülle
pauschalierte Berücksichtigung der Wärmebrücken

Monat	Jan	Feb	Mär	Apr	Mai	Jun	Jul	Aug	Sep	Okt	Nov	Dez
ΔQ_{ilj} [Wh]	4258,63	3660,75	2741,68	1657,77	1064,46	575,86	174,50	122,15	802,71	1727,61	2603,67	3459,64

Fall 4: mit Nachweis der Luftdichtheit der Gebäudehülle
rechnerische Ermittlung der Wärmebrückeneffekte

Monat	Jan	Feb	Mär	Apr	Mai	Jun	Jul	Aug	Sep	Okt	Nov	Dez
ΔQ_{ilj} [Wh]	4012,05	3446,59	2578,69	1557,29	999,94	540,95	163,93	114,75	754,06	1622,95	2448,49	3256,54

20. Gesamte Reduzierung ΔQ_{il} des monatlichen Wärmeverlusts, der sich aus der intermittierenden Beheizung ergibt

Aus der intermittierenden Beheizung (Nachtabschaltung) ergibt sich eine monatliche Reduzierung ΔQ_{il} des Wärmeverlusts, der sich nach Gl. 5.24 berechnet.

$$\Delta Q_{il} = \sum_{j} \left(n_j \cdot \Delta Q_{ilj} \right) \qquad \text{(Gl. 5.24)}$$

Dabei ist n die Anzahl der monatlichen Heizunterbrechungen, bei Nachtabschaltung also in aller Regel die Anzahl der Tage.

Für das Beispielgebäude ergeben sich die gesamten monatlichen Reduzierungen ΔQ_{il} der Wärmeverluste durch intermittierende Beheizung (Nachtabschaltung) zu:

Fall 1: ohne Nachweis der Luftdichtheit der Gebäudehülle
pauschalierte Berücksichtigung der Wärmebrücken

Monat	Jan	Feb	Mär	Apr	Mai	Jun	Jul	Aug	Sep	Okt	Nov	Dez
ΔQ_{il} [kWh]	153,32	118,18	96,85	55,77	37,00	19,37	6,07	4,25	27,00	60,11	88,84	123,34

Fall 2: ohne Nachweis der Luftdichtheit der Gebäudehülle
rechnerische Ermittlung der Wärmebrückeneffekte

Monat	Jan	Feb	Mär	Apr	Mai	Jun	Jul	Aug	Sep	Okt	Nov	Dez
ΔQ_{il} [kWh]	145,23	111,84	91,51	52,59	34,89	18,26	5,72	4,00	25,46	56,70	83,92	116,69

Fall 3: mit Nachweis der Luftdichtheit der Gebäudehülle
pauschalierte Berücksichtigung der Wärmebrücken

Monat	Jan	Feb	Mär	Apr	Mai	Jun	Jul	Aug	Sep	Okt	Nov	Dez
ΔQ_{il} [kWh]	132,02	102,50	84,99	49,73	33,00	17,28	5,41	3,79	24,08	53,56	78,11	107,25

Fall 4: mit Nachweis der Luftdichtheit der Gebäudehülle
rechnerische Ermittlung der Wärmebrückeneffekte

Monat	Jan	Feb	Mär	Apr	Mai	Jun	Jul	Aug	Sep	Okt	Nov	Dez
ΔQ_{il} [kWh]	124,37	96,50	79,94	46,72	31,00	16,23	5,08	3,56	22,62	50,31	73,45	100,95

[1.1] Frank, W.: Raumklima und thermische Behaglichkeit. Berichte aus der Bauforschung, Heft 104. Ernst & Sohn, Berlin, 1975

[1.2] Frank, W.: Behaglichkeit, was heißt das in der Klimatisierung? CCI, Clima Commerce International, Heft 4, 1970

[1.3] Terhaag, L.: Thermische Behaglichkeit – Grundlagen. Gesundes Wohnen – ein Kompendium. Beton-Verlag, Düsseldorf, 1986

[1.4] RWE-Bau-Handbuch, Technischer Ausbau. 1981/82 und 11. Auflage. RWE, Essen

[1.5] Brandt, J., und H. Moritz: Bauteile – Anforderungen und Eigenschaften. Gesundes Wohnen – ein Kompendium. Beton-Verlag, Düsseldorf, 1986

[2.1] Tipler, P.: Physik. Spektrum Akademischer Verlag, Heidelberg,1994

[2.2] Lutz et al.: Lehrbuch der Bauphysik. B.G.Teubner, Stuttgart, 1989

[2.3] Künzel, H.: Müssen Außenwände atmungsfähig sein? wksb (25), Heft 11, Grünzweig und Hartmann und Glasfaser AG, Ludwigshafen, 1980

[2.4] Aris, R.: Vectors, tensors and the basic equations of fluid mechanics. Dover Publications, 1989

[2.5] Hill, R.: Elastic Properties of Reinforced Solids: Some Theoretical Principles. Journal of the Mechanics and Physics of Solids (11), S. 357 – 372, 1963

[2.6] DIN EN ISO 6946: Wärmedurchlasswiderstand und Wärmedurchgangskoeffizient, Berechnungsverfahren

[3.1] Verordnung über einen energiesparenden Wärmeschutz bei Gebäuden (Wärmeschutzverordnung vom 16.08.1994 - WärmeschutzV)

[3.2] Verordnung über energiesparenden Wärmeschutz und energiesparende Anlagentechnik bei Gebäuden (Energieeinsparverordnung vom 16.11.2001 – EnEV)

[3.3] DIN EN 832. Wärmetechnisches Verhalten von Gebäuden – Berechnung des Heizenergiebedarfs – Wohngebäude

[3.4] DIN V 4108-6. Wärmeschutz und Energie-Einsparung in Gebäuden, Teil 6: Berechnung des Jahresheizwärme- und des Jahresheizenergiebedarfs

[3.4A] DIN V 4108-6/A1. Wärmeschutz und Energie-Einsparung in Gebäuden, Teil 6: Berechnung des Jahresheizwärme- und des Jahresheizenergiebedarfs, Änderung A1

[3.5] DIN V 4701-10. Energetische Bewertung heiz- und raumlufttechnischer Anlagen, Teil 10: Heizung, Trinkwassererwärmung, Lüftung

[3.6] DIN 4108-2. Wärmeschutz und Energie-Einsparung in Gebäuden, Teil 2: Mindestanforderungen an den Wärmeschutz

[3.6A] E DIN 4108-2/A1. Wärmeschutz und Energie-Einsparung in Gebäuden, Teil 2: Mindestanforderungen an den Wärmeschutz. Änderung A1 (Entwurf)

[3.7] DIN 4108-3. Wärmeschutz und Energie-Einsparung in Gebäuden, Teil 3: Klimabedingter Feuchteschutz, Anforderungen, Berechnungsverfahren und Hinweise für Planung und Ausführung

[3.8] Beiblatt 2 zu DIN 4108. Wärmeschutz und Energie-Einsparung in Gebäuden. Wärmebrücken – Planungs- und Ausführungsdetails

[3.9] DIN 4108-7. Wärmeschutz und Energie-Einsparung in Gebäuden, Teil 7: Luftdichtheit von Gebäuden, Anforderungen, Planungs- und Ausführungsempfehlungen sowie -beispiele

[3.10] DIN EN 12207. Fenster und Türen, Luftdurchlässigkeit, Klassifizierung

[3.11] DIN EN 13829. Wärmetechnisches Verhalten von Gebäuden, Bestimmung der Luftdurchlässigkeit von Gebäuden, Differenzdruckverfahren (ISO 9972:1996, modifiziert)

[3.12] Allgemeine Verwaltungsvorschrift zu § 13 der Energieeinsparverordnung (AVV Energiebedarfsausweis) vom 07.03.2002

[3.13] Beiblatt 1 zur DIN V 4701-10. Energetische Bewertung heiz- und raumlufttechnischer Anlagen. Diagramme und Planungshilfen für ausgewählte Analysensysteme mit Standardkomponenten

[3.14] DIN EN ISO 6946. Wärmedurchlasswiderstand und Wärmedurchgangskoeffizient. Berechnungsverfahren

[3.15] DIN EN ISO 10077-1. Wärmetechnisches Verhalten von Fenster, Türen und Abschlüssen – Berechnung des Wärmedurchgangskoeffizienten – Teil 1: Vereinfachtes Verfahren

[3.16] DIN V 4108-4. Wärmeschutz und Energie-Einsparung in Gebäuden, Teil 4: Wärme- und feuchteschutztechnische Bemessungswerte

[3.17] DIN EN 12524. Baustoffe und -produkte. Wärme- und feuchteschutztechnische Eigenschaften, Tabellierte Bemessungswerte

[3.18] DIN EN ISO 10211-2. Wärmebrücken im Hochbau. Berechnung der Wärmeströme und Oberflächentemperaturen, Teil 2: Linienförmige Wärmebrücken

[3.19] DIN EN 410. Glas im Bauwesen. Bestimmung der lichttechnischen und strahlungsphysikalischen Kenngrößen von Verglasungen

[3.20] DIN EN ISO 13789. Wärmetechnisches Verhalten von Gebäuden. Spezifischer Transmissionswärmeverlustkoeffizient. Berechnungsverfahren

[4.1] DIN EN ISO 9346. Wärmeschutz – Stofftransport – Physikalische Größen und Definitionen

[4.2] Dahms, J.: Einfluß der Eigenfeuchte auf die Druckfestigkeit des Betons, Betontechnische Berichte, 1968

[4.3] DIN 4108-3. Wärmeschutz und Energie-Einsparung in Gebäuden, Teil 3: Klimabedingter Feuchteschutz, Anforderungen, Berechnungsverfahren und Hinweise für Planung und Ausführung

[4.4] Springenschmid, R. und R. Beddoe: Feuchtetransport durch Bauteile aus Beton. Beton- und Stahlbetonbau 94 (1999), 4, 160 - 168

[4.5] Klopfer, H.: Wassertransport und Beschichtungen bei wu-Beton-Wannen. Aachener Bausachverständigentage, 1999

[4.6] Eifert, H., R. Beddoe und R. Springenschmid: Feuchtetransport in wu-Bauteilen unter baupraktischen Bedingungen. Beton 52 (2002), 2, 80 - 81

[4.7] DIN EN 12390-8. Prüfung von Festbeton, Teil 8: Wassereindringtiefe unter Druck

[4.8] Lohmeyer, G.: Weiße Wannen – einfach und sicher. Verlag Bau+Technik, 2000

[4.9] Deutscher Ausschuss für Stahlbeton (DAfStb): Wasserundurchlässige Bauwerke aus Beton (Entwurf), Richtlinie des DAfStb, 2001

[4.10] DIN 18195. Bauwerksabdichtungen

[4.11] DIN 4108-2. Wärmeschutz und Energie-Einsparung in Gebäuden, Teil 2: Mindestanforderungen an den Wärmeschutz

[4.12] Künzel, H. und B. Schwarz: Die Feuchtigkeitsaufnahme von Baustoffen bei Beregnung. Berichte aus der Bauforschung H. 51, 1968

[4.13] Gösele, K. und W. Schüle: Schall – Wärme – Feuchte. Bauverlag, 1965

[4.14] DIN 4095. Baugrund. Dränung zum Schutz baulicher Anlagen. Planung, Bemessung und Ausführung

Als weitere Planungshilfe ist das Berechnungsprogramm zur Nachweisführung entsprechend der EnEV beim Bundesverband der Deutschen Zementindustrie erhältlich.